规模化猪场现场管理及技术操作规范

卢纪和　主编

中国农业大学出版社
·北京·

内容简介

本书分为五章和附录部分，是北京养猪育种中心多年生产实践经验和成果的集成。各章分别是：第一章：生产操作技术规范；第二章：育种操作技术规范；第三章：兽医操作技术规范；第四章：设备方面操作技术规范（使用、保养、维修）；第五章：统计方面操作技术规范。

图书在版编目（CIP）数据

规模化猪场现场管理及技术操作规范/卢纪和主编. —北京：中国农业大学出版社，2018.9

ISBN 978-7-5655-2029-7

Ⅰ.①规… Ⅱ.①卢… Ⅲ.①养猪场–技术规范 Ⅳ.①S828–65

中国版本图书馆CIP数据核字（2018）第104567号

书　名	规模化猪场现场管理及技术操作规范
作　者	卢纪和　主编

策划编辑	丛晓红　赵　中	责任编辑	田树君
封面设计	郑　川		
出版发行	中国农业大学出版社		
社　址	北京市海淀区圆明园西路2号	邮政编码	100193
电　话	发行部 010-62818525，8625	读者服务部	010-62732336
	编辑部 010-62732617，2618	出　版　部	010-62733440
网　址	http://www.caupress.cn	E-mail	cbsszs@cau.edu.cn
经　销	新华书店		
印　刷	涿州市星河印刷有限公司		
版　次	2018年9月第1版　2018年9月第1次印刷		
规　格	787×1 092　16开本　12.5印张　290千字		
定　价	66.00元		

图书如有质量问题本社发行部负责调换

编 委 会

中国是世界上最大的猪肉生产国、消费国和进口国，但不是养猪强国，养猪生产水平和发达国家还具有一定差距。近十年来，规模化养猪所占的比例在逐年提高，规模化、专业化、标准化养猪生产模式已经形成，规模化猪场生产水平也在不断提升。近十几年，是中国规模化养猪发展最迅猛的阶段，时至今日许多大型的养猪集团仍在不断扩张，集团化养猪规模在不断壮大。在此形势下，规模化养猪企业对专业养猪人才的需求量十分巨大，特别是对有着丰富养猪生产经验技术人员的需求特别迫切。

本书在未出版之前是北京养猪育种中心用于现场生产管理的内部指导手册，编写团队是由有着多年养猪生产、管理经验的资深专业技术人员组成的。编者根据多年的养猪实践并借鉴现今先进的养猪技术编撰而成的。本书出版的目的在于指导规模化猪场的管理人员、技术人员和饲养员规范科学地开展现场生产管理和及技术操作，我们不奢望猪场的工作人员理解为什么要"这样操作"，只希望他们能够熟练掌握现场"该怎么做"并严格执行，这样就完成了我们编撰该书的初衷。

当然，因时间仓促水平有限，书中难免出现错误和疏漏之处，望老师们批评斧正。

本书在编撰过程中承蒙我的恩师中国农业大学王爱国教授的指导，在此表示感谢！

另外，本书中有些图片引自中国农业科学技术出版社出版的《猪的信号》（Hulsen J. 著）、《母猪的信号》（Marrit van Engen 和 Kees Scheepens 著）、《仔猪的信号》（Marrit van Engen、Arnold de Vries 和 Kees Scheepens 著）、《育肥猪的信号》（Marrit van Engen 和 Kees Scheepens 著）和中国农业出版社出版的《现代养猪生产技术》（John Gadd 著）等书，对以上书目的作者和译者表示诚挚的感谢！

编者

2018 年 6 月

猪场现场工作人员对本《规范》需学习掌握的内容

岗位	需学习掌握的章、节、标题下的内容		
	章	节	节下的标题及内容
场长 副场长 技术员	全部章	章下全部节	全部
统计员	第一章	第一、第二、第四、第十、第十一、第十三节	节下全部内容
	第一章	第十五节	标题十、十一下内容
	第一章	第十七节	标题一下内容
	第二章	第一节	节下全部内容
	第三章	第十三节	节下全部内容
	第五章	章下全部节	章节下全部内容
	附录		养猪专有名词
配种和妊娠舍工作人员	第一章	第二节	节下标题一、二、三下内容
	第一章	第三、第四、第五、第十六节	节下全部内容
	第一章	第十三节	节下标题一、二下内容
	第一章	第十四节	节下标题三、四下内容
	第一章	第十五节	节下标题五至十一下内容
	第一章	第十七节	节下标题一至三下内容
	第二章	第一节、第七节	节下全部内容
	第二章	第六节	节下标题三下内容
	第三章	第二、第四、第七、第十一至第二十四节、第二十七节	节下全部内容
	第三章	第一节	节下标题一、五下内容
	第三章	第三节	节下标题一、三下内容
	第四章	第一、第二、第四至第八节	节下全部内容
	第一章	第一节	掌握卫生防疫管理条例

猪场现场工作人员对本《规范》需学习掌握的内容（续）

岗位	需学习掌握的章、节、标题下的内容		
	章	节	节下的标题及内容
产房工作人员	第一章	第六至第十二节、第十七节、第十八节	节下全部内容
	第一章	第二节	节下标题一、四、五下内容
	第一章	第十三节	节下标题一、二、三下内容
	第一章	第十四节	节下标题一下内容
	第一章	第十五节	节下标题一、八、十下内容
	第二章	第一、第七节	节下全部内容
	第二章	第六节	节下标题三下内容
	第三章	第二、第四、第七、第九至第二十四节	节下全部内容
	第三章	第一节	节下标题二、三、五下内容
	第三章	第三节	节下标题一、三、七下内容
	第三章	第二十七节	节下标题二下内容
	第四章	第一、第二、第四至第八节	节下全部内容
	第一章	第一节	掌握卫生防疫管理条例
保育舍工作人员	第一章	第十、第十一、第十六、第十七节	节下全部内容
	第一章	第二节	节下标题一、六、七、八下内容
	第一章	第十三节	节下标题三、四下内容
	第一章	第十四节	节下标题二下内容
	第一章	第十五节	节下标题二、四、十下内容
	第二章	第一、第七节	节下全部内容
	第三章	第二、第四、第五、第七、第十一至第二十四节	节下全部内容
	第三章	第一节	节下标题四、五下内容
	第四章	第四至第八节	节下全部内容
	第一章	第一节	掌握卫生防疫管理条例

猪场现场工作人员对本《规范》需学习掌握的内容（续）

岗位	需学习掌握的章、节、标题下的内容		
	章	节	节下的标题及内容
育成育肥舍工作人员	第一章	第三、第十、第十一、第十六至第二十节	节下全部内容
	第一章	第二节	节下标题一、六、七、八下内容
	第一章	第十三节	节下标题四、五下内容
	第一章	第十四节	节下标题三下内容
	第一章	第十五节	节下标题三、五、十下内容
	第二章	第一、第四、第五、第七节	节下全部内容
	第三章	第二、第四、第六、第七、第十一至第二十四节	节下全部内容
	第三章	第一节	节下标题四、五下内容
	第三章	第三节	节下标题二、三下内容
	第四章	第一、第二、第四至第八节	节下全部内容
门卫及负责办公区消毒人员	第一章	第一节	掌握卫生防疫管理条例
	第三章	第二十至第二十四节	节下全部内容
	第一章	第一节	掌握卫生防疫管理条例
后勤及维修工作人员	第三章	第二十至第二十四节	节下全部内容
	第一章	第一节	掌握卫生防疫管理条例
	第四章	第一至第十二节	与本职工作相关的节下内容

C目 录
ontents

生产操作技术规范

第一节　卫生防疫管理条例

一、猪场谢绝参观

大门口设门卫，负责来往人员及车辆的登记及消毒工作，外来车辆必须经特定消毒药喷雾消毒后方能入场，门口消毒池内配制2%～3%火碱水等，消毒液应及时更换，使其始终保持有效浓度（冬季放置食盐以防结冰）。

二、饲养员及本场人员（包括经批准入场人员）

进入生产区前，必须进入消毒更衣室彻底淋浴，彻底更换作业衣、鞋后方能进入生产区，进入猪舍前，需将鞋浸入舍门口的指定消毒液里消毒后方能入舍。

三、关于猪

未经许可任何猪只一律不得入内。

四、生产区工作人员

（1）一律不得留宿猪舍内（除特殊情况经场长批准）。

（2）不得与工作在其他猪舍内的人员同住一舍。除非两人都工作在同一个舍内或得到场长或主管兽医的许可并形成书面材料。

（3）生产区工作人员不得兼职任何其他畜禽公司的工作。

（4）生产区工作人员在开始工作以前24 h必须返回猪场，养宠物的人员在回猪场前8 h不得接触它们。

（5）进入猪场的所有人员必须使用洗发水彻底淋浴，并更换场内专用衣服。个人用品如眼镜等须经兽医许可，才能带入。

（6）生产区工作人员如果直接接触了外人、外来猪及猪肉产品或者怀疑他们有受到感染的可能性，那么他们也必须彻底淋浴，更换场内专用衣服，隔离24 h后才可进入生产区。

（7）外部来访者一律不准进入猪场生产区。

五、关于各种车辆

（1）运输或承载死动物以及死动物产品的车辆不许进入猪场大门内。

（2）禁止外部所有运输或承载家畜的车辆（尤其是拉猪的甚至拉过猪的）接近场区，除非车辆按照要求进行严格消毒。

（3）未经许可任何外部车辆的司机不可进入场区。

（4）所有拉屠宰猪、淘汰猪、种猪等的车辆在靠近场区以前必须严格清洗、消毒、干燥。

（5）运送饲料及其他物料的车辆必须在猪场大门外清洗、消毒，喷雾消毒持续时间不少于 7 min，物料入场不得马上使用，必须在指定地点存放至少 72 h 后方可使用，能熏蒸消毒的最好经过熏蒸消毒处理。

六、搞好猪舍内外的环境卫生

搞好猪舍内、外环境卫生，保持舍内通风良好、空气清新、清洁卫生，所用用具每周用指定消毒剂消毒一次，消毒后用清水冲洗晒干后使用，对每批猪的每个周转环节都要进行全面、彻底的清扫、清洗、大消毒，消毒干燥后 3 d 方可进猪。

七、出猪台

（1）出猪台外部应该是单向通行，一旦运出去的猪禁止再运回猪舍。

（2）使用出猪台时生产区哄猪人员应该在里面操作不要随意出来。

（3）使用出猪台时内外驾驶员应该各司其职，不得随意走动，交接猪只时出猪台内外的人不能直接接触。

（4）出猪台外的车辆装完猪并被离开以后应立刻对停车处及周边进行打扫、清洗、消毒和干燥；哄猪人员需再次进舍必须洗澡淋浴、更衣；场内转猪车内应该有两套专用装猪的工作服和鞋，装卸猪后所有衣物应该立即清洗。

八、隔离场

新转运进的种猪必须先放在隔离舍内隔离观察。同时进行采样防疫监测。

九、关于进场车辆的清洗消毒

（1）所有进场允许进入的车辆都应该在指定的地点进行清洗、消毒和干燥。

（2）所有车辆都必须在清洗消毒之后在一定时间内干燥。

十、通则

（1）非生产区人员不许进入生产区。

（2）食堂剩饭尤其是肉及肉制品必须由专人处理，不得随意堆放。

（3）任何生肉及肉制品不得带进猪场食用。

（4）场区的自养犬必须拴系饲养，不得散养，更不能进入生产区内，犬类动物定期免疫接种疫苗，也不得将场内饲养的犬带出场区，场区内禁止饲养猪、犬以外的其他动物。

（5）猪舍内的死猪必须经无害化处理。

十一、关于场区间转猪

（1）如有需要猪只必须按正常规定的路线运转。

（2）内部转猪车辆应该每天使用后进行清洗、消毒和干燥。

（3）转猪车辆应该在转猪去指定地点之前 12 h 或者改变停放地时也需清洗消毒。

（4）如果场区内转猪车不得已要运猪出场区，在回来时应该高压清洗消毒然后停放 24 h 后要再次清洗消毒后方可使用。

十二、关于向场外转猪

（1）不得擅自将猪转出场区以外。

（2）场外转猪车未经彻底消毒、清洗、干燥不得停放场区附近。

（3）场外转猪车每用过一次都必须清洗、消毒。

（4）如果用该车进行场内转猪，则应遵守第五条。

十三、关于场内工作人员的行走路线

（1）工作人员需在本岗位所负责的单元内工作，未经允许不得进入其他猪舍内。

（2）猪场管理和技术人员进入不同单元必须按规定路线行走，如果一天内准备进入两个以上单元的猪舍必须按以下路线行走：产房（刚出生仔猪单元）→产房（1～2周龄仔猪单元）→产房（3～4周龄仔猪单元）→公猪舍或采精舍→配种妊娠舍→后备舍→保育舍→育成育肥舍。

（3）在生产区内若想从较脏区域去干净区域，必须更衣才能进入。

十四、关于猪场自宰自用猪

关于猪场自宰自用猪不得在猪场外宰杀，必须在场内指定地点宰杀处理。

十五、生产区工作人员着装要求

生产区工作人员在工作期间必须穿工作服和工作鞋（靴），工作结束后必须将工作服脱留在更衣室内，每日要刷洗雨靴，按规定定期清洗消毒工作服。严禁将工作服、鞋（靴）穿入生活区内。

十六、其他

（1）饲养人员要坚守工作岗位，不脱岗，不串岗（舍），随时巡视观察猪群情况，观察其饮水、采食、排粪、尿及呼吸等，发现情况及时报告。

（2）用具和所有设备固定在本舍内使用。

（3）搞好舍内卫生，生产区做好按规定定期消毒工作。

（4）场内人员不准为外单位和个人诊疗病猪，以切断疫病传播的各个环节。

（5）病死猪必须在指定地点剖检，剖检后应将区域内及器具彻底清洗消毒，剖检尸体做无害化处理。

（6）饲料间（库）、猪舍应加装防鸟网，猪场要定期灭鼠、灭蝇，猪群要按计划驱虫。

第二节　生产操作规程

一、猪场生产通则

（1）全舍的工作时间（除产仔舍、配种舍外）为8：00～17：00（16：30～17：00进行各舍卫生分担区卫生的打扫及当天生产数据的填写及其他工作），猪场根据季节情况，配种舍在炎热夏季可执行避开中午炎热时间早上班、晚下班的制度。

（2）各舍每天在16：30～17：00将注射用的金属针管、针头（针管的各部分零件拧松后，用水冲洗干净后放入压力消毒锅内）统一进行消毒，不宜高温高压消毒的针管等注射器械，使用碘酊酒精溶液浸泡24 h，纯净水清洗干净后方可使用。

（3）打针时（治疗、疫苗注射），仔猪至中大猪，每窝或每栏使用同一支针头；基础猪及后备猪，每头猪就要换一次针头，严禁一支针头使用到底的现象。注：产房哺乳仔猪是一窝一针。

（4）各舍饲养员对空栏应及时冲洗、消毒。

（5）猪舍人员出入走廊时应随手关门。

（6）猪舍内各项报表要求必须日清月结，要求填写的数据真实、可靠。在每日下班前填好本日各舍的生产数据小结，交到统计人员手中。

（7）各舍饲养员应及时清理猪舍内的各种垃圾。做到定点堆放，严禁将垃圾丢弃于舍内地沟中。

（8）每天进舍人员在进舍前，先在门口入口处的地毯或脚踏盆上进行鞋靴部消毒，每周一对门口处的地毯进行彻底清理。

（9）使用后的疫苗瓶要统一经压力消毒锅处理后方可进行定点处理，医疗废弃物统一放置在指定位置，严禁随意丢弃，医疗废弃物定期由有关部门按规定运走处理。

（10）严格执行消毒防疫制度，进舍的各种物品严格用高锰酸钾＋甲醛进行熏蒸30 min后方可进入猪舍。进舍人员应彻底洗澡后换上舍内工作服后方可进入猪舍。

（11）各舍用具应定点摆放，使用后经清洗消毒处理放回原处。

（12）坚持猪舍内安全生产，科学合理的使用猪舍内各项设备和加强日常维修保养工作，发现问题及时与维修人员联系。

（13）加强冲洗机的安全使用及科学管理，在使用前要检查安全后方可使用，冲洗机不要连续工作2 h以上，确保电机的安全使用。

（14）加强猪舍水、电管理，注意节约使用。做到人走灯灭水关（注：后备猪舍和断奶待配母猪，每日照明应在16 h；断奶前3 d的仔猪应保持整夜照明）。防止长明灯、长流水现象。

（15）加强猪舍内环境的调控，给猪只提供一个温暖舒适的环境，降低舍内湿度，提供一个干燥、洁净、无贼风（为小股不正常气流，易引起仔猪腹泻等）的环境。加强舍内温控设备的合理使用。育成、育肥、测定舍的窗户应根据猪群的具体状况、温度、天气等情况来定窗户的开关，开窗户后舍内不要开灯，减少不必要的浪费。

（16）加强猪舍内灭鼠工作的长期执行与落实，定期投放鼠药与清理死鼠工作。

（17）每天下班前各舍要对猪舍内水电系统（灯、给料、温控系统、电暖器等）、猪栏的栏门、两侧的侧门进行检查后方可离舍，并处理当天的舍内垃圾。

（18）猪舍内各舍的卫生分担区为各舍门前的过道。

（19）每天上、下午应认真观察猪只精神状况及采食情况。

（20）遵守猪舍内的作息时间（产仔舍除外）。每天早 7：00 ～ 7：30 洗澡进舍，7：30 ～ 7：50 整理当天所需的用品，安排当天工作重点（配种舍检查水槽水位情况），8：00 前到指定岗位进行工作，11：15 ～ 12：50 进行午餐及午休；12：50 ～ 13：00 整理当天上午的工作，安排当天下午的工作，13：00 进舍工作，4：30 ～ 5：00 进行当天工作的总结，填写当天的舍内报表，打扫分担区卫生，5：00 下班。

（21）各舍将每天清理的粪便及时清理放到指定地点。

（22）药库的管理原则。每周星期一早晨根据兽医开据的处方，由药库管理人员根据生产需要向猪舍内供药品一次，（各舍人员务必于星期五和星期六将下周舍所需要的常规用药的名称及数量单交于药库管理人员，便于药品的购入）。猪舍内其他时间需要的临时用药，由兽医批准并开据处方饲养人员自行（下班后）找药库存管理员进行取药。

（23）下班时应检查猪栏防发生"跑猪"（猪跑到栏外）现象。

（24）猪舍内饲养人员应遵守猪场内的场规场纪，遵守猪场内的各项规章制度，各岗位人员应无条件地服从生产主管的安排与调动。

（25）禁止在猪舍过道及猪栏内对玻璃瓶药品进行现场配制，防止玻璃碎片对猪的蹄部造成伤害。

（26）每年 5 月中旬开始使用风道板，10 月中旬做好风道板密封工作（夏季水帘的使用，水帘开起后注意风道板的调节，不要使风道板全部打开，避免冷空气直接吹到猪栏内，防止猪栏的温度发生剧烈的变化）。

（27）每月月底对全群的猪只存栏数量、生产数据与计算机进行核对。

（28）严格执行猪舍内正常的生产程序，加强猪舍间的合作，保障生产各环节的顺利衔接。

（29）猪群周转时，进行猪耳号（耳标）、系别的核对，对猪掉标的、耳号不清的要及时进行补标等工作。

（30）当舍内物品无法满足生产需要时，根据生产需要提出所要物品（提前 1 周）。

（31）下班时各舍料机下禁止存放饲料。

（32）猪舍内严禁洗舍外衣服及物品。

（33）各舍门前设置踏脚盆，踏脚盆内的消毒液要每天进行更换，使其起到应有的作用。火碱溶液的浓度为 3%；过氧乙酸浓度为 3‰。

（34）各舍人员要执行猪舍内的防疫制度，各舍人员严禁串舍。

（35）每天应提供猪只新鲜的饲料与充足的饮水。

（36）认真填写报表。

二、配种舍每日工作程序

（1）带上笔、本，确认当天日期。

（2）按规定洗澡、更衣、换鞋，洗手进入生产区。

（3）经舍前消毒盆消毒靴子，进舍。

（4）对舍内情况做一总体反应（冷、热、正常否、味道等）。

（5）猪群整体情况检查，每日必须检查猪群情况、饮水情况、饲料采食情况、环境、温度湿度、体况情况及设备运转情况等。

（6）将圈内所有猪都轰起来，逐圈仔细观察每一头猪。

（7）评价全群健康状况。膘情是否在 3～4 分，精神状态是否很好，发烧、咳喘及拉稀的比例是否超过 10%。

（8）记录并处理病、死猪。发现死猪应及时记录下来猪的个体号和尸体表征情况，然后用塑料编织袋装好猪，把病死猪转移至冷冻库；发现病猪应做好标记，并采取相应的隔离、治疗措施。

（9）配种、妊娠检查、后备猪挑选。

（10）根据记号笔体表标记及现场记录对待配母猪及预判发情母猪进行试情，发现静立反射着手准备进行配种输精。

（11）妊娠检查每周三进行，对怀孕 19～24 d、33～38 d、77 d 母猪进行检查，使用 B 超仪，将探头在母猪最后一个乳头处放置，探头与母猪矢状面呈 45° 角，观察 B 超屏幕出现胚胎即为怀孕。

（12）后备猪挑选，在经过驯化和测定的候选后备猪中，达到 6.5 月龄（195 日龄）体重大于 120 kg 的母猪，乳头 7 对以上均匀且发育良好，脐带前最好有 4 对乳头，阴门大小适中，经培育驯化和检测合格后可选择进入后备群。

（13）喂料、清扫过道。

（14）用铁锨将过道污物收集到粪车上，卸到指定地点，过道再用扫帚清扫。

（15）人工饲喂：将饲料装到推车内，推到饲槽前，用铲子将料倒进料槽；自动供料：事先根据饲喂程序和体况调节供料杯的下料量，具体程序参看饲喂程序，妊娠猪不同的饲喂量应悬挂不同颜色的标牌。

（16）人工饲喂，清扫卫生，饮水。饲喂后将过道扫净，待猪将饲料吃干净后，将水龙头开启，自来水放到饲槽内供猪饮水，饮水时间为 0.5～1 h/ 次，巡视有无喝不到水的猪只，出现饮水问题要及时处理。

（17）上午 11：15 下班。

（18）下午 12：50 上班，更衣、换鞋、洗手、踏脚盆、进舍。

（19）猪群周转。根据待转猪的情况，对猪进行转群，从配种妊娠舍转到产房的待产母猪要经过彻底淋浴消毒。

（20）清扫卫生。

（21）下午试情、配种工作。

（22）关注空怀母猪情况，实时采取措施诱导其发情并做好发情检查。

（23）病、死猪处理。

（24）填写记录和报表。根据当日发生的情况，将配种数、妊检数、转出转入数、死亡、淘汰及饲料消耗填写日报。

三、配种舍每周的工作安排

1. 星期一

（1）日常工作：饲喂猪，发情检查、配种输精、体表颜色标记，打扫环境卫生。

（2）返情检查：使用公猪对已配 18 ～ 21 d 的母猪进行试情测试，发现返情的母猪及时转到待配区；体况评定：使用 B 超仪测定母猪背膘评价体况，做好体况评分记录，根据体况评分情况调节母猪供料牌。

（3）领一周的用品、用具。

（4）例行检查环控设备系统运转情况，包括参数设定、设定温度与实际温度差异、死角处风速和温度；例行检查供水情况，包括水压、水流量、水质等。

（5）交上周的配种记录表、妊娠诊断表、种猪日报等报表。

2. 星期二

（1）日常工作：饲喂猪，发情检查、配种输精、体表颜色标记，打扫环境卫生。

（2）继续做返情检查：使用公猪对已配 18 ～ 21 d 的母猪进行试情测试，发现返情的母猪及时转到待配区。

（3）将确定妊娠 30 d 的猪转到妊娠区。

（4）例行检查供料设备系统，有无故障和隐患问题，同时检查饲料新鲜度。

3. 星期三

（1）日常工作：饲喂猪，发情检查、配种输精、体表颜色标记，打扫环境卫生。

（2）妊娠检查：使用 B 超仪，对配种后 19 ～ 24 d 组、33 ～ 37 d 组及妊娠 10 周组的母猪进行妊娠检查。

（3）准备断奶猪栏，并高压冲洗干净，消毒。

（4）进行全舍内的带猪消毒。

4. 星期四

（1）日常工作：饲喂猪，发情检查、配种输精、体表颜色标记，打扫环境卫生。

（2）接断奶母猪，将其转到配种区，自此至配种期间饲喂哺乳母猪饲料 > 4.7 kg/（头·d），同时光照 16 h/d。

5. 星期五

（1）日常工作：饲喂猪，发情检查、配种输精、体表颜色标记，打扫环境卫生。

（2）转出临产猪进入产房，待产猪进产房前需经过体表清洗、刷拭、消毒程序。

（3）整理猪群，淘汰无种用价值公猪和母猪，即将淘汰的猪使用红色记号笔在背部上划"×"符号。

（4）根据以往后备猪发情体表颜色标记，将待配后备母猪的调入配种区。

6. 星期六

（1）日常工作：饲喂猪，发情检查、配种输精、体表颜色标记，打扫环境卫生。

（2）填写配种妊娠区本周工作的白板数据，将本周配种数、妊娠检查阳性数、返情数、空怀数、流产数、淘汰数及死亡数据填写在白板上。

（3）检查和总结上周的基础猪免疫情况，检查有无漏免情况，制定下周的免疫计划。

（4）做本周工作总结、周报和下周工作计划。

7. 星期日

（1）日常工作：饲喂猪，发情检查、配种输精、体表颜色标记，打扫环境卫生。

（2）返情检查：对配种3周的母猪组进行公猪返情测试，返情的母猪转到配种区。

（3）对全群猪进行体况、状态评估。

（4）进行全舍内的带猪消毒。

配种妊娠舍每周必做的工作

（1）每周做1～2次妊娠检查，对象是配种后18～24 d组和33～38 d组的母猪，可在下午进行。

（2）每周1或2次将临产母猪转入产房，转入前将母猪洗刷干净。

（3）每周1次接纳断奶母猪。之前调整好空栏位，断奶后第2天开始使用公猪刺激母猪发情。

（4）每周1次母猪体况评分（结合B超测定背膘），调整体况差的母猪饲喂量。第一次评分在配种后28～33 d，第二次评分在妊娠后60～75 d；

（5）每周检查1次断奶母猪的断奶天数和后备母猪的日龄。

（6）每周检查1次母猪的免疫情况。

（7）每周做1次母猪的淘汰计划。

（8）每周做1次选配计划，采取同质选配"高配高"的原则。

（9）每周至少检查1次环控设备系统运转情况，实际偏差等。

（10）每周检查1次供水、供料系统，检查有无故障、有无隐患及异常等情况。

四、产房每天的工作程序

（1）7：50～8：30上料、扫粪，仔细观察猪的情况。

（2）8：30～9：00在分娩卡上，补写昨晚分娩母猪的产仔情况。

（3）9：00～9：30对出生仔猪称重、打耳号、刺墨、去势、补铁补硒等。

（4）9：30～10：00查看实际舍温，做环控系统的调节；查看仔猪保温区温度，根据仔猪日龄调整保温灯高度。

（5）10：00～11：30检查每头母猪采食量，调节供料量设定值。每头看护仔猪，固定乳头，认真观察母猪采食情况，观察母猪泌乳情况，观察母猪粪便及尿液情况，观察母猪体况。观察仔猪情况，包括体况、皮毛、肚子干瘪否、膝盖受损情况、精神状态等。观察饮水、饲料新鲜度等情况。

（6）11：30～13：00午休时间。

（7）13：00～13：15供料。

（8）13：15～14：00打扫卫生，看护仔猪，了解母猪的健康状况，给仔猪进行上料，给分娩母猪进行补料、对空舍进行冲洗与消毒等。

（9）14：00检查即将分娩的母猪，对新生仔猪进行看护，对临产母猪准备保温灯等必需品。

● 检查母猪的采食情况和母猪、仔猪的健康状况。

● 检查母猪乳房是否坚硬红热、是否有恶露、是否有体温升高、是否食欲不振或便秘。

● 检查仔猪是否温暖、饥饿、下痢。

● 观察舍内温度，调整窗帘高度或开启／关闭天窗，将产房温度控制在18～22℃。观察保温灯是否坏了，应及时更换。

（10）15：00～16：30对分娩母猪进行看护，对新生仔猪进行喂初乳，做好母猪分娩的记录。注意早晚温差，加强环境温度的调节；进行分担区卫生的打扫工作。每2 d对产房门前的脚盆内的消毒液进行更换。对空舍进行冲洗消毒。

（11）15：30～16：30进行仔猪的称重、疫苗免疫等工作。

（12）16：30～16：50舍内各种数据的理整与填写，卫生打扫、物品整理，上交当日日报。

（13）16：50～17：00上料。

五、产房每周的工作计划

1. 星期一
（1）日常工作：参考每日工作程序。
（2）领一周的药品、用具。
（3）准备哺乳仔猪料、料槽、保温灯。
（4）对刚上床的待产母猪进行B超仪（A超也可）的背膘测定，并做好记录。
（5）上交上周产房生产报表、猪群日报等生产报表。

2. 星期二
（1）日常工作：参考每日工作程序。
（2）统计断奶仔猪，评价断奶母猪。技术员要确定断奶母猪中的即将被淘汰的母猪个体，做好标记"×"和记录，通知相关人员。

3. 星期三
（1）日常工作：参考每日工作程序。
（2）对仔猪进行各周的称重。
（3）挑选哺乳性能好的母猪作奶妈。
（4）调整下周即将断奶舍的环境，包括舍温、光照（16 h）。
（5）断奶母猪补耳标。
（6）对即将断奶的母猪进行体况评定，即使用B超仪（A超仪也可）对母猪进行背膘测定。与上床前背膘进行比对，看母猪哺乳期背膘损失情况。
（7）决定淘汰无饲养价值断奶仔猪的头数。
（8）检查待转进母猪舍的饮水器情况，水流量、水质情况，检查供料系统设备运转情况。

4. 星期四

（1）日常工作：参考每日工作程序。

（2）本周断奶的母猪转出到配种舍，断奶仔猪转保育舍，同时断奶仔猪个体称重，填写好相关转猪记录。将该批次所有记录转给生产管理系统平台录入人员，录入、存档。

（3）清理空猪舍，提前用水泡沫剂浸润空舍地面、栏杆、猪槽、墙面等部位。

5. 星期五

（1）日常工作：参考每日工作程序。

（2）洗猪、体表消毒，接临产母猪进产房，挂母猪分娩卡，准备仔猪分娩记录表。

（3）彻底冲洗产房空舍，消毒—干燥—消毒—干燥。

6. 星期六

（1）日常工作：参考每日工作程序。

（2）检查环控设备系统运转情况，实际温度与设定温度的差异，调整设定值。

（3）检查供水情况，包括水质、流量情况。

（4）检查供料系统设备运转情况。

（5）总结本周工作，填写周报并上交。

7. 星期日

（1）日常工作：参考每日工作程序。

（2）检查产房设备，对损坏设备及时维修。

（3）进行全舍内的带猪消毒（只用干粉消毒，不包括当周分娩的母猪）。

产房每周必须做的工作

（1）每周1或2次断奶，先赶走母猪，后转移仔猪，每一单元全进全出。

（2）每周冲洗空置的栏舍，消毒并干燥3 d以上。

（3）每周1次接纳临产母猪；产前做好保暖或防暑降温工作。

（4）每周检查1次母猪、仔猪的免疫情况。

（5）根据母猪的生产记录情况，断奶时选择淘汰母猪。

（6）每周进行一次灭蝇工作。

（7）每周测量刚上床母猪背膘情况。

（8）每周测量即将下床断奶母猪的背膘情况。

（9）每周评估分娩5～7 d母猪的泌乳情况及仔猪生长情况，做母猪饲喂及仔猪补料调整。

（10）每周检查供水情况，包括水质、水流量等。

（11）每周检查供料设备系统运转情况。

（12）每周检查环控设备系统运转情况。

（13）每周总结分娩组分娩情况及断奶组哺乳断奶情况。

六、保育舍、育肥舍每日工作程序

（1）进舍前应洗手消毒、洗澡、换工作服。

（2）准备药箱、笔、本、记号笔、查询并记录当天日期。

（3）进舍前应更换脚盆消毒液，将靴子消毒后进猪舍。

（4）对舍内情况做一总体反映（冷、热、味道等）。

（5）回顾死亡记录、治疗记录。

（6）认真观察舍内每个圈、每头猪，从年轻猪群逐渐到大猪群。

（7）轰圈，让每头猪都站起来。

（8）观察每头猪的精神状态是否正常，被毛是否粗糙、咳嗽和喘、腹泻、眼睑红肿、泪斑、是否挤堆、是否太热、是否有脓包、是否跛行、是否太饿太渴。

（9）观察整体整齐度，将被咬尾猪及时隔离，将病弱猪及时转到病弱栏。

（10）观察和评价猪群生长发育情况，反思饲养管理存在的问题。

（11）对病猪分析病因，向兽医反映情况，对症下药。

（12）观察治疗过的猪病情是否好转，视情况再处理。

（13）检查饮水器，看水流量是否充足，水质是否合格。

（14）检查饲料，清除料槽内脏污，要保证新鲜充足，检查下料调节档（杆），是否工作正常，猪每拱一次下料以覆盖薄薄一层的料量为宜，下料量不宜过大否则浪费严重。

（15）观察圈内打耳标的种猪是否合格，不合格者将耳标剪掉。

（16）记录当日高、低温度。

（17）检查环控设备系统运转情况，实际舍温与设定温度差异，实时调整。

（18）检查供料系统运转情况。

（19）记录死猪个体号、性别、组别、体重、死因，当日将死亡猪情况连同日报一并上报。

（20）及时隔离病猪，做好病猪记号以待治疗。

（21）及时治疗，并在被治疗的猪体表划上记号（点红点，上午治疗红点画在肩背部，下午治疗红点画在腰臀部）记录治疗情况，用何种药物，治疗日期、次数。

（22）拖走死猪并清扫、消毒过道。

（23）每个单元，必须悬挂本单元猪的猪群分布表于墙上，主要内容包括转入时间、转入数量、各个猪栏内的猪数量、种类及品种情况，记录发病治疗、死亡淘汰记录，记录饲料加药及饮水加药记录，记录转出/转入/出售记录。

（24）其他工作安排。

七、育肥舍日常常规操作程序

1. 饲喂及检查喂料系统

（1）每天饲喂2次，要保证料槽斗内有料，料槽下料口底部有一薄层饲料，严禁过度下料。饲喂的饲料以第2天早晨吃完为宜。

（2）每日检查料槽内及下料口底部饲料是否新鲜，是否被污染及霉变，发现污染及霉变情况及时清理料槽。

（3）每周空料槽1次，检查有无霉料。

（4）发现料槽下料堵料，及时处理。

（5）检查饲料浪费情况。

（6）保证饮水充足干净，每栏应安装 2 个饮水器，并每天检查。

2. 检查和环境控制

（1）育肥舍刚进猪时的最佳温度是 21℃，以后降到 16 ～ 18℃。夏季可用喷雾来降温，尽量保持栏内干燥。

（2）观察猪的身体和行为，推测猪舍温度、湿度的高低。猪只扎堆，说明太冷；呼吸快、经常玩水、在饮水区打滚、散睡，说明猪舍温度过高；猪的皮毛明显潮湿，说明湿度太大。

（3）猪舍空气新鲜度，取决于空气中的氨气和尘埃。人的鼻子对氨气和尘埃很敏感；通风是猪舍空气新鲜的保证。

（4）每天上班时、下班前要检查窗帘（窗户开启情况），通过升降窗帘（开 / 关窗户）来调节猪舍的温度、湿度和空气的新鲜；检查环控设备系统运行情况。

（5）刚进猪第 1 周，要对猪进行调教，养成定点排便的习惯，保持猪栏清洁、猪体卫生，减少疾病发生。

3. 接受保育猪：分栏与密度

（1）从保育舍接收的下床保育猪，按体重、类别及性别（种猪与阉猪）分栏。

（2）较弱及病的猪集中一栏饲养，该栏应处于纵向通风的下风口处，加强饲喂。

（3）合群后的 1 ～ 2 d 内，应加强看护，避免打斗而意外损伤。

（4）每头育肥猪占栏以 0.75 ～ 1.05 m^2 为宜。

（5）为育肥猪提供玩具，防止咬尾等恶癖的发生。

4. 疾病防治

（1）按免疫程序免疫接种疫苗，接种疫苗时必须用拍子将猪群挡在栏内角落处固定，再实施接种操作，严禁"打飞针"。

（2）治疗有临床症状的猪。

（3）加药饮水。

（4）每单元舍设一空栏，便于病猪分离。

（5）处理或淘汰病僵猪。

5. 每天保持圈舍卫生，确保育肥猪健康生长

6. 每天检查饮水器，确保充足饮水

7. 人员管理

育肥舍的饲养员要有细心、责任心和吃苦耐劳的精神。

8. 做好日常记录，做好当日日报并上交

八、保育、育肥舍每周的工作管理安排

1. 星期一

（1）按每日工作程序执行。

（2）保育下床猪称重并转到生长育肥舍，候选后备猪必须单独标记并放置在相同的一栏或几个栏内，候选后备猪最好有单独的饲养区域，以便实施驯化、隔离和培育措施。

（3）刚下床转入生长育肥舍的猪，做好过渡饲养和定点排便训练。

（4）保育舍工作人员对刚转入批次的断奶仔猪进行采食情况及生长情况评估（逐栏评估），发现问题应采取措施。

（5）冲洗保育空舍并消毒并干燥空置。

（6）清点各栏内种猪数量（按体重、品种及性别记录）。

2．星期二

（1）按每日工作程序执行。

（2）冲洗保育舍。

（3）育肥舍准备空栏，进行彻底冲洗、消毒、干燥准备接育成猪。

（4）按计划免疫接种疫苗。

（5）实施后备猪驯化工作，按照后备猪免疫程序，在体重 40 ～ 60 kg 开始免疫蓝耳病及其他疫苗进行驯化，开始隔离。

（6）给配种妊娠舍转入后备猪。

3．星期三

（1）按每日工作程序执行。

（2）进行全舍内的带猪消毒。

（3）免疫接种疫苗。

（4）种猪性能测定工作，主要将候选后备猪（数量可以更宽泛）体重达 90 kg，进行称重、B 超仪测量背膘及眼肌厚度，并做好记录。

（5）保育舍准备接断奶仔猪，提前做好环境温度调节，饲料供给、水电检查等项目。

4．星期四

（1）按每日工作程序执行。

（2）保育舍转入断奶仔猪并称重，做好相关记录。

（3）育种员根据性能测定数据及遗传评估结果，现场选择后备猪、做好标记并记录，将选择好的后备猪采集血样送至实验室检测。

5．星期五

（1）每日工作程序执行。

（2）冲洗、消毒育成舍。

（3）保育舍候选后备猪再次筛选，将合格的候选后备猪做好标记，以备下星期一转出。

（4）种猪初选并佩带耳标。

（5）160 日龄以上的后备猪单独饲养在几个栏中，饲喂后备猪饲料，每日做好公猪诱情工作，同时每日提供 16 h 的光照。

（6）完成下周即将出售肥猪计划。

6．星期六

（1）按每日工作程序执行。

（2）开展季节性驱虫工作。

（3）往配种妊娠舍转后备母猪（185 ～ 195 日龄）。

7．星期日

（1）按每日工作程序执行。

（2）进行全舍内的带猪消毒。

（3）总结上周工作，上交上周报表（周报），完成下周即将出售猪的计划及存栏表。

（4）制定下周工作计划。

（5）记录与表格。

8. 保育舍的温度控制

（1）将要转入断奶仔猪的保育舍温度应高于产房 2 ～ 3℃；并且转入前应预热舍温，在仔猪转入前达到要求的温度 26℃。

（2）每天上班时、下班前检查刚断奶的仔猪有没有挤成一堆。若挤成一堆，说明舍温不够。

（3）断奶后第 1 周的日温差不超过 2℃。

（4）适宜的保育舍舍温见表 1–1。

表 1-1   适宜的保育舍舍温

体重 /kg	日龄	温度 /℃	体重 /kg	日龄	温度 /℃
5	17	28	12	39	22
7	25	26	15	46	21
9	32	24	22	60	21

第三节　后备猪的驯化培育

一、后备猪驯化操作

（1）选留后备猪 12 周龄时开始进行驯化隔离。

（2）主要是在 12 ～ 22 周龄的后备猪，对其开展疫苗免疫接种及隔离饲养工作。

（3）操作办法如下。

① 12 周龄前将候选后备猪挑选好，放置在同一栏（或几个栏中），最好与其他猪栏有一定距离，开始隔离。按表 1–2 免疫程序免疫疫苗。

②也可将基础群母猪的粪便放到待驯化猪的栏内让其接触，或把将要淘汰的经产母猪与驯化群体混群，可按 1：（50 ～ 100）比例混群 15 d。

③驯化猪要进行隔离饲养 60 d。

④入种群前（180 日龄）要采血检测蓝耳病抗体、猪瘟抗体及伪狂犬 gE 抗体情况，蓝耳病也可混样检测抗原，不合格的个体不能进入种群。

表 1-2   后备猪疫苗驯化免疫程序

后备猪免疫周龄	疫苗	免疫剂量
14 周龄	乙脑	1 头份（肌注）
15 周龄	蓝耳病疫苗（经典弱毒）	1 头份（肌注）
16 周龄	乙脑	1 头份（肌注）

续表 1-2

后备猪免疫周龄	疫苗	免疫剂量
18 周龄	圆环病毒疫苗（亚单位）	1 头份（肌注）
20 周龄	伪狂犬疫苗（灭活/流行毒株）	1 头份（肌注）
21 周龄	口蹄疫疫苗（O 型高效纯化）	2mL（肌注）
22 周龄	流行性腹泻疫苗（弱毒）	2 头份（口服）
24 周龄	流行性腹泻疫苗（灭活）	1 头份（肌注）

二、后备猪管理

（1）仔猪断奶时，对每窝仔猪进行遗传评估，在断奶窝的核心群后裔中挑选候选后备猪，选择个体所在窝母系指数及繁殖指数高的个体，将选好的候选后备猪佩戴上区别于其他猪的耳标。

（2）候选后备猪保育下床前（10 周龄），再次筛选一次，发育不良或不符合后备猪种用要求的个体摘掉其标识耳标，将选好的候选后备猪转到生长育肥舍，单独区域饲养。在性能测定前，无论任何理由，绝对禁止出售候选后备猪。

（3）160 日龄左右（或体重达 85～115 kg）进行性能测定，经性能测定、遗传评估及现场选择程序，根据留种比例及后备猪需求数量选择进入后备群的种猪，按照实际后备猪需求量的 1.2～1.5 倍留种（炎热夏季 1.5 倍、其他季节 1.2 倍），这些猪立即采血进行蓝耳病抗体（或混样检测抗原）、猪瘟抗体检测，伪狂犬抗体检测，不符合要求的个体弃之不用。

（4）经过测定、评估、抗体检测选留的种猪（160 日龄左右）进入后备猪培育阶段，这些猪必须将个体性能测定信息输入平台系统软件中，并转入单独的后备猪舍（圈栏）进行大群饲养。公、母分开饲养。

（5）转入后备舍后，开始饲喂后备猪专门的日粮，日粮中蛋白质水平，钙、磷、脂溶性维生素及微量元素的浓度远高于生长育肥猪。

（6）后备猪要限制采食量，后备母猪在 90～120 kg 阶段日增重控制在 650 g 以内，后备公猪在 90～120 kg 阶段日增重控制在 750 g 以下。每日饲喂 2.5～3.0 kg，根据个体体况差异适时调整饲喂量，防止后备猪的过肥与过瘦。

（7）后备猪要保证充足的饮水，有条件的应给予适当的运动。

（8）160 日龄以上的后备猪，每日光照 16 h。

不同规模猪场每周后备猪补充数量及存栏量见表 1-3。

表 1-3 不同规模猪场每周后备猪补充数量及存栏量

头

基础母猪规模	母猪年更新率/%	每周每批候选母猪数量	每周每批测定数量	每周每批补充到种群的后备母猪数量	种猪区后备存栏数
600	33	12	12	4	28
	40	15	15	5	35
	45	18	18	6	42

续表 1-3

基础母猪规模	母猪年更新率 / %	每周每批候选母猪数量	每周每批测定数量	每周每批补充到种群的后备母猪数量	种猪区后备存栏数
600	50	21	21	7	49
	55	21	21	7	49
900	33	21	21	7	49
	40	24	24	8	56
	45	27	27	9	63
	50	30	30	10	70
	55	33	33	11	77
1200	33	27	27	9	63
	40	33	33	11	77
	45	36	36	12	84
	50	42	42	14	98
	55	45	45	15	105
1500	33	33	33	11	77
	40	42	42	14	98
	45	45	45	15	105
	50	51	51	17	119
	55	57	57	19	133
1800	33	39	39	13	91
	40	48	48	16	112
	45	54	54	18	126
	50	60	60	20	140
	55	66	66	22	154
2400	33	54	54	18	126
	40	66	66	22	154
	45	72	72	24	168
	50	81	81	27	189
	55	90	90	30	210

三、后备公猪的调教

（1）后备公猪在 100 kg 后就要开始调教训练，120 kg 以上且达到 8 月龄时开始参与采精配种。

（2）把待调教的公猪驱赶到调教栏（调教栏安放在母猪舍刺激性欲），然后赶至假畜台前让其适应 5 min；或者先让新公猪观看一头有经验的老公猪被采精的过程。

（3）先用温热清水擦洗包皮处，再用干毛巾或者卫生纸进行擦干，戴上采精手套。

（4）待其对假台畜很感兴趣时（用嘴咬假台畜或者用前腿爬时），技术人员对公猪的阴茎进行按摩，嘴中模仿母猪哼哼叫，并喊出"上"的指令，训练其爬跨假台畜。

（5）抓住其阴茎螺旋部，跟随公猪的力度向前牵引阴茎直至完全伸出；开始几次射出精液的精子密度很低，因此不急于收取精液。

（6）射完后将公猪慢慢赶回原圈休息。

（7）间隔 1 d 采精一次，以后每周进行采精 1 次，直至开始使用配种。

（8）训练后备公猪必须有耐心，不能有虐待公猪等过激行为。

四、后备母猪的培育

建立后备母猪群四个要素：宽敞的、有纵深的、光照良好的猪栏；足够的驯化和相对隔离时间；发育良好（肌肉、骨骼、体况）；与公猪接触，有良好的发情监控。

（1）经过性能测定和抗体监测及体型、外貌评定后选好的后备猪体重到达 85 kg 体重时，要单独区域饲养，饲喂专用后备母猪饲料，饲喂量每头每天 2.5 ～ 2.6 kg。

（2）后备母猪在 100 kg 时（160 日龄）就要开始诱情刺激。

（3）后备母猪 100 kg 后（160 日龄）转到大圈栏（每头后备母猪占栏面积至少 2.2 m²）。

（4）每天使用成年性欲旺盛的公猪走进到圈内对这些后备猪进行接触刺激。上、下午各 1 次，并做好首次发情记录。

（5）后备母猪在 6 月龄开始，体重 100 ～ 110 kg 时会出现首次发情，记录发情母猪发情情况（猪个体号、首次发情日期及发情状态），发现首次发情日期这个工作很关键，因为首次发情较早的猪一般其繁殖力要优于首次发情晚的猪。

（6）经公猪诱情，发现有明显发情特征的后备母猪，对其做好发情记录，并将其转到后备区的限位栏中饲养，做好体表标记，定期公猪检查。

（7）有专门后备猪培育舍的猪场，有发情经历的后备猪可在后备区单栏内饲养至 220 日龄后转到配种区，在后备培育舍期间要做好配种前的疫苗免疫接种工作；对于没有专门后备猪培育舍的猪场，后备猪 180 ～ 195 日龄转到配种妊娠舍的后备区域，公猪检查、光照、体表颜色标记工作必不可少。

（8）在配种前 6 ～ 10 d 做好相关疫苗的免疫接种工作。

（9）配种前做好母猪背膘测定，把背膘控制在 16 ～ 18 mm 为佳。

（10）后备母猪首次发情不进行配种，待体重在 125 kg 以上且大于 240 日龄时开始首次配种，此时母猪处于第二或者第三情期。

（11）对于 285 日龄以上仍未发情的母猪，可能是品种或者繁殖器官有问题，应当淘汰。

（12）后备猪转入到种猪区的日龄，后备猪应在 180 ～ 195 日龄转入种猪区的后备栏饲养。

（13）每天对种猪区后备栏内的后备猪使用公猪进行诱情工作，每头后备母猪接触公猪时间为 3 ～ 5 min，发现发情个体，用记号笔在背部做好"●"记号，同一周内发情的后备猪，体表做标记使用同一颜色的记号笔，需要 3 种颜色的记号笔（如红色、蓝色、绿色，或其他三种颜色），下一周轮换成另一种颜色的记号笔标记发情后备猪，下下周使用余下的颜色记号笔进行标记，按周换颜色，始终按照红色—蓝色—绿色的标记顺序。

（14）位于种猪区的后备猪，要求每天光照 16 h（200 lx）。

（15）后备猪的催情补饲。在准备给后备母猪配种时，在发情前 7 ～ 14 d，增加能量摄入可以提高卵子质量，增加排卵数。做法：饲喂哺乳母猪饲料 4 ～ 4.5 kg/d，输精后改成妊娠饲料。

后备母猪一般 180 日龄后转入到种猪区的后备栏内，240 日龄开始配种。种猪区后备栏至少要存栏 7 ～ 9 周批次的后备猪，600 头母猪规模猪场在种猪区的后备猪存栏至少 42 头，不同规模、不同母猪年更新率情况下种猪区的后备母猪存栏数量详见表 1-3。

（16）后备猪配种授精时要求如下：

①健康；②日龄大于 240 日龄（含）；③体重＞135 kg；④背膘 14 mm。

（17）后备猪准备配种授精前、后的关键点如下：

①提供充足的光照来催情（每天 16 h 光照，200 lx）。

②在饲养舍或种猪区的后备栏就进行发情检查。记录所有发情的母猪，采用 3 种不同颜色的记号笔（发情周期为 3 周），每周使用其中一个颜色做记号，颜色按固定的周顺序使用。

③ 180 ～ 200 日龄的后备猪应转到配种栏旁边的栏，每天让公猪和后备母猪接触 3 ～ 5 min，记录所有发情的母猪。

④将发情的后备母猪（220 日龄及以上），转移到配种栏，让其开始适应单栏饲养。第一次发情不配种，计划在随后的 3 周后配种。配种前 10 ～ 14 d 催情补饲。预期发情前 5 d，每天与公猪接触 2 次，每次 20 min。妊娠早期，后备猪饲喂量不超过 2.8 kg/d。

（18）后备猪饲养管理目标见表 1-4。

表 1-4　后备猪饲养管理目标

目　　标	干预水平（必须采取措施）
后备猪批次发情率大于 90%（含）	低于 85%
后备猪配种受胎率大于 90%（含）	低于 90%
后备猪配种分娩率大于 85%（含）	低于 80%
配种时背膘厚达到 15 mm	低于 14 mm 或高于 18 mm

五、引起后备母猪不发情的原因及策略

（1）引起后备母猪不发情的原因如下。

①健康问题；②营养不良或霉菌毒素；③缺乏公猪刺激；④不合适的环境；⑤应激因素；⑥自身遗传原因；⑦光照不足；⑧日龄偏小。

（2）对不发情后备母猪应采取的措施如下：

①重组混群、增加遛走；②使用性欲旺盛公猪刺激；③检查饮水、饲料；④优化环境，增加光照；⑤减少热应激因素；⑥激素处理。

六、后备猪配种前的免疫程序

后备猪170日龄后开始按程序免疫接种疫苗，在后备母猪配种前/后备公猪采精前，完成以下疫苗的免疫接种工作，细小病毒免疫不能小于180日龄以内，具体程序如表1-5所示。

表1-5 后备猪配种/采精前免疫程序

后备猪免疫周龄	疫苗	免疫剂量
25	猪瘟（细胞苗）	1头份（肌注）
26	伪狂犬疫苗（灭活/流行毒株）	1头份（肌注）
27	细小病毒疫苗	1头份（肌注）
30	细小病毒疫苗	1头份（肌注）
31	口蹄疫疫苗（O型高效纯化）	2 mL（肌注）

第四节 试情、采精、配种操作

一、配种妊娠管理目标

配种妊娠管理目标见表1-6。

表1-6 配种妊娠管理目标

目标	干预水平	备注
批次配种数量均衡	大于计划数的110%或小于计划数90%	调整
批次配种受胎率＞90%	批次配种受胎率＜90%	分析原因，采取措施
批次配种分娩率＞87%	低于80%	分析原因，采取措施
母系窝均活仔数＞10.0	低于9.5	分析原因，采取措施
窝活仔数＜8.0的比例应＜10%	窝活仔数＜8.0的比例＞15%	查找原因，采取措施
窝均死木弱比例＜10%（含）	窝均死木弱比例＞12%（含）	查找原因，采取措施
母猪年死亡率＜4%，月死亡率＜0.334%	母猪月死亡率＞0.334%	查找原因，采取措施
批次流产率＜2%，日流产＜2头	批次流产率＞2%，日流产≥2头	查找原因，采取措施
母猪体况适中，过肥/过瘦比例＜10%	母猪过肥/过瘦比例＞15%	查找原因，采取措施

二、母猪的诱情

母猪诱情是通过成年公猪的刺激或者人为注射激素诱发母猪的生理机制，使母猪发情，诱情的关键是要从时间、技术、公猪、设备和母猪的敏感性着手。

1. 公猪促发情

（1）公猪更容易诱使母猪发情，可通过声音、气味、视觉和触觉刺激母猪发情。

（2）尽量用成年公猪，性欲强，可产生更大的气味。

（3）母猪断奶后即刻试情，每栏母猪不超过 10 头，每栏 4 ～ 5 头为宜。

（4）每天接触 15 ～ 20 min。

（5）不能粗暴对待公猪。

2. 激素刺激发情

对于那些超期不发情或者发情表现不明显的母猪（后备猪亦适用），每头母猪一次注射 PG600 一头份，一般注射 3 ～ 6 d 后母猪表现发情，但发情时间差异较大。第一次注射 PG600 后 18 d 注射 PGF2a 及其类似物，如注射率前列烯醇 200 ～ 300 μg。通常在注射 PGF2a 及其类似物后 3 d 母猪表现发情，而且发情时间趋于一致。如果母猪此时体重已达到配种体重，就可以安排配种。

三、查情

查情是检查母猪有无发情，主要依靠配种员的能力和公猪的表现。

1. 母猪发情表现

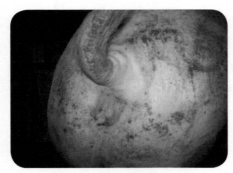

图 1-1　发情前期母猪的阴户明显红肿

（1）发情前期。

①发情前期是母猪性周期的开始阶段，为 1 ～ 4 d 持续 3 d 的变化，后备猪持续时间更长。

②只有 2/3 母猪有可见现象。

③这段时间在静立反射之前。

④母猪表现烦躁、焦虑不安和神经紧张。

⑤头胎母猪表现最明显的是阴户红肿（图 1-1）。

⑥一种水样液体从阴门流出。

⑦母猪发出有特性的哼哼并且试图爬跨其他母猪。

（2）发情期。

①持续 3 ～ 4 d，是母猪性周期的高潮时期，母猪表现出很强的性欲。此阶段卵巢中的卵泡破裂，排出卵子。是适宜配种的时期。

②阴门流出典型而黏稠的液体。

③母猪非常好动，吃得非常少。

④阴门不再像前期那样红肿，而是略微粉红（图 1-2）。

⑤母猪竖起耳朵和尾巴，并且发抖，排尿频繁（图 1-3）。

⑥母猪反复发出叫声或者长时间叫喊。

⑦母猪出现"静立反射"，拱背和发抖。

⑧接受其他母猪或公猪的爬跨。

图 1-2　发情期母猪阴户略微红粉

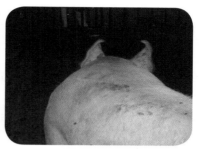
图 1-3　发情期大白母猪两耳竖立

发情信号见表 1-7。

表 1-7　发情信号

发情前期	发情期	输　精	输精后期
外阴发红，肿大，尤其是初产母猪。阴道内分泌黏稠的黏液	外阴的肿大减轻，黏膜变成粉红色，阴道分泌物变稀薄	应在发情期的 2/3 阶段输精，通常在母猪出现静立反射后的 24 h	输精后 16 ～ 18 h 母猪仍然会变现出静立反射的行为
母猪焦躁不安，竖起耳朵，爬跨别的母猪	母猪发出典型的、柔和的、拖得很长、很低的咕哝声		
按压母猪背部的腰荐部，不会出现静立反射	母猪站立，对公猪表现出静立反射，按压母猪腰荐部，它完全站立，后背拱起		

2. 查情操作

查情工作包括返情检查和发情检查。

（1）返情检查。返情检查是针对那些配种后未确诊是否配上的母猪（配种后 30 d 的母猪），每天上午在喂料之后用一头成年公猪，在配种母猪前面缓慢走过（一名配种员用挡板控制好公猪行进速度），另一名配种员从母猪后面观察母猪阴门有无红肿，见到公猪是否急躁不安、压背静立等表现。返情检查切记不要将公猪赶入母猪栏直接与母猪接触，这样会对刚配种母猪产生强烈刺激，对受精卵的发育很不利。

（2）发情检查。

①每天查情 2 次，上、下午各一次，最好在上、下午喂料后进行。选择一头成年公猪，最好选择性欲旺盛的公猪，赶入空怀母猪圈里，让公猪与母猪直接接触。如果母猪在限位栏内，将 1 头公猪赶在母猪定位栏的前面，一人拿着一块挡板控制公猪的行走速度，另一人在母猪的后面查情。对于断奶母猪，5 d 后如还不发情，应赶入公猪栏进行试情刺激。

②如果是 10 头母猪以上的大圈，至少选择 2 头以上公猪试情，但要将公猪用栏位隔开，使每头母猪都能接触到公猪。

③查情人员要有耐心、不慌，监测整个过程，仔细观察母猪反应。

④每一圈要从最有可能发情到不可能发情的顺序试情，每头母猪都要检查阴门和压背，目的是仿照公猪的动作来观察"静立反射"。

⑤对那些极有可能发情的母猪要摩擦母猪的一侧，并按压母猪的背部，如果母猪发情并出现静立发射，且静立时间至少 10 s 以上，则可判定为发情并做好标记。

⑥对那些刚表现出发情的症状，但是又不能完全静立反射的，为发情前期，进行不同标记，下一次试情重点观察。

⑦公猪在每圈里停留 5 ～ 10 min。

⑧做好查情记录，对发情期和发情前期的母猪进行不同标记。

⑨要提供一个安静、舒适环境。

（3）有条件的猪场最好将公猪查情与压背查情结合操作，准确判断母猪发情。

（4）查情操作图例（图 1-4）。

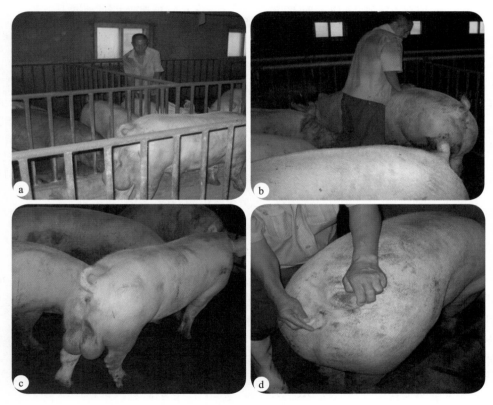

图 1-4　查情操作

配种员所有工作时间的 1/3 应放在母猪发情鉴定上！

为了引出静立反射，不要一上来就按压母猪，而是应效仿公猪采取如下方式。用手摩擦母猪的腹股沟部，用膝盖顶母猪的侧腹部；紧紧抓住腹股沟处；随后，可以按压母猪的臀部。

公猪在诱情和发情检查工作中是人不可替代的。

3. 发情、输精等状态的体表标记办法

猪的体表颜色标记符号分为：圆点●、直线——、对号√、圆圈○、θ、Φ 和叉号×，共 7 种标记符号。

（1）各种颜色标记符号表示的实际含义及使用方法

圆点●表示母猪发情有静立反射，圆点分为两种颜色即蓝色圆点●和红色圆点●，它们所表示的意义不同，蓝色圆点●表示上午测试出现发情静立反射，红色圆点●表示下午测试出现发情静立反射，颜色不能用错。

直线——表示母猪被配种输精一次，直线分为两种颜色即蓝线——和红线——，蓝线——表示是在上午进行的配种输精，红线——表示是在下午进行的配种输精，如果本次输精的时间正好与发情鉴定的时间重合或一致，那么在母猪的背部画圆点的上边应覆盖直线，表示在同一时间点同时做的试情工作和输精工作；如果输精时间介于两次试情工作时间的中间，那么直线就画在上一次试情静立反射圆点标记的后边。

对号√表示本轮发情期发情静立反射结束，对号√有三种颜色，即红色、蓝色和绿色（没有绿色可用黑色替代）。不同的颜色表示不同的配种组别，具体规定如下：红色√、蓝色√和绿色√，每个配种组内的母猪只是用同一种颜色，颜色必须按红色√、蓝色√和绿色√这个顺序使用，不得用错。年度 01 配种组使用红色√、年度 02 配种组使用蓝色√、年度 03 配种组使用绿色√，年度 04 配种组使用红色√、年度 05 配种组使用蓝色√、年度 06 配种组使用绿色√，以此类推，配种组间颜色顺序不能用错，始终按照红、蓝、绿的顺序进行。

当本次发情鉴定测试母猪已不再有静立反射，在母猪背部上一次标记的圆点后边画上符号√，符号√的颜色要符合上述规定要求。

圆圈○只有红色，表示妊娠检查时母猪空怀；θ 表示返情；Φ 表示流产。在妊娠检查或返情检查工作后立即将检查出来的空怀母猪或返情母猪或发现的流产母猪，在其背部接近尾部的背中线出画上上述相应的符号。

叉号 × 只有红色，表示在短期内即将被淘汰的种猪，即将被淘汰的种猪在其背部画上叉号 ×。

（2）后备母猪诱情、发情标记方法

后备母猪日龄达到 160 日龄、体重达到 100 kg 时，开始开展诱情工作，诱情工作是使用性欲旺盛的成年公猪去接触（身体接触）被诱情的后备母猪，逐头母猪诱情，平均每头后备母猪获得的诱情时间为 1 ～ 3 min，诱情工作人员要在后备母猪后面进行压背测试，测试后备母猪是否有静立反射（静立反射应至少压背持续 10 s 才算有效静立反射），对于测试出现有效静立反射的母猪应在其背部背中线前部使用颜色记号笔画一个圆点表示该头母猪静立发情，上午发情静立的画蓝色的圆点●，下午发情静立的画红色的圆点●，上午和下午的颜色标记不能用混。

后备母猪诱情工作，每天测试至少一次，只要出现一次静立反射就在其背部画上一个圆点，前一次测试已经画上过圆点标记的母猪，本次有静立反射仍将在上次圆点的后边再画一个圆点，上午画蓝色下午画红色，该工作每天一直持续下去，只要有静立反射按照颜色规定画上圆点，直至母猪不再出现静立反射（即发情结束），发情的后备母猪本次发情期结束（测试没有出现静立反射）在其背部背中线在原来标记的圆点后边使用对号"√"表示其本次发情期结束。所划的对号"√"的颜色要符合规定，对号"√"的颜色使用规定详见（1）条的相关叙述。

（3）及时填写母猪发情记录表

母猪发情记录表应包含如下内容：母猪个体号、首次发情日期，本次发情日期，发情持续时间（单位：h），记录发情颜色标记记录、操作人员。

发情鉴定体表颜色标记要在纸质上记录下来，以便数据分析和以后输精提供依据使用，如何在纸质上做记录呢？记录方法如下（本方法对后备母猪和经常母猪皆适用）：在母猪本轮发情或输精结束后，参看母猪背部标记，在纸上做如下记录，发情鉴定频率（一天一次还是一天两次）要注明，母猪背部的蓝色圆点在纸上用"0"表示，红色圆点用"1"表示，上午输精用"A"表示，下午输精用"P"表示，计算发情持续时间。例如：如果一头母猪背部标记图是●●●｜●●√，为一天两次试情工作，那在纸质上记录为"101P01"，发情持续期大于或等于48 h。

当后备母猪达到180日龄时并符合抗体检测要求，将其转到配种妊娠舍饲养，转入到配种妊娠舍的后备猪，试情鉴定工作每天2次，上午、下午各一次，并按照标记法进行体表标记，工作人员根据后备猪体表标记特别是对号"√"的颜色标记来组织后备猪参与不同组别的配种输精工作。

（4）批次配种母猪发情鉴定及输精体表颜色标记方法

①组建本批次配种母猪群。配种妊娠舍工作人员，根据即将断奶的母猪情况，与主管和产房做好沟通，确定即将断奶能参与配种的母猪数量，根据批次配种数量计划，计算另外需要多少数量的后备母猪和空怀及返情母猪参与到本批次配种组中，根据以往体表颜色标记及发情记录，查找与本批次配种要使用的符号"√"颜色相同的母猪体表标记，来预测本批次会有多少数量的后备猪参与配种，有多少空怀猪能发情参与配种。如果这些数量的猪与断奶参配猪的数量之和可以达到或超过计划批次配种数量，就可以马上制定本批次配种工作计划，着手开展试情、配种工作；如果这些数量的猪与断奶参配猪的数量之和没有达到计划批次的配种数量，可在后备猪或空怀猪群中选出配种空缺数量的母猪使用激素进行处理，刺激发情。具体做法：挑选出空缺数量1.25倍的后备猪及空怀猪，在母猪断奶的当日把需要处理的后备母猪及空怀猪每头母猪注射1 000 IU的PMSG，72 h后再注射GnRH 100 μg，再过24 h进行第一次输精，再过12 h第二次输精，上午输精在猪背部画上蓝线——，下午输精画上红线——。

②发情鉴定频次。参与批次配种的母猪群，每天进行2次发情鉴定工作，上午8：00～9：30，下午3：30～5：00，最好是上午与下午发情鉴定的时间间隔大于8 h。

③发情鉴定时，一头公猪在同一时间只能最多试情5头母猪，猪场的配种区要在母猪前边的过道上设置每5头猪一个围栏的装置，便于发情鉴定工作。公猪在母猪前，工作人员在母猪后做压背试验，检测母猪是否发情静立，平均每头母猪获得的诱情时间为1～3 min，静立反射应至少压背持续10 s才算是有效静立反射，对于测试出现有效静立反射的母猪应在其背部背中线前部使用颜色记号笔画圆点●表示该头母猪静立发情，上午发情静立的画一个蓝色的圆点●，下午发情静立的画一个红色的圆点●，上午和下午的颜色标记不能用混。

发情鉴定的频度及鉴定时间的要求：每天发情鉴定2次，早、晚各一次，早晨发情鉴定时间 8：00 ～ 9：30，下午的发情鉴定时间 15：30 ～ 17：00，每天上午、下午两次发情鉴定时间间隔最好大于 8 h，两次时间间隔不能小于 6 h。

发情鉴定中，只要母猪出现一次有效的静立反射就在其背部画上一个圆点，在上午则画蓝圆点●、在下午则画红圆点●。第二天发情鉴定时，同一个体再次出现发情静立，则在母猪前一次测试已经画上过圆点标记和后边再画一个圆点●，上午画蓝圆点●、下午画红圆点●，该发情鉴定工作每天一直持续下去，只要有静立反射按照颜色规定画上圆点，直至母猪不再出现静立反射（即发情结束）。

配种输精：根据母猪发情开始出现的早或迟的情况以及母猪发情持续情况，根据配种输精策略，确定每头发情母猪的输精时间，每头母猪配种输精后，应立即使用记号笔在其背部前一次发情鉴定的那个圆点后画一条横线（与母猪矢状面垂直），上午配种输精画一条蓝色横线——，下午输精画一条红色横线——，如果配种输精操作与本次发情鉴定操作时间都在同一上午或下午，视为在同一时间进行两项操作，那么在画圆点的同时在圆点上覆盖横线。

发情母猪本轮发情期结束（测试没有出现静立反射）在其背部背中线在原来标记的圆点或横线的后边使用对号"√"表示其本次发情期结束。所划的对号"√"的颜色要符合规定，对号"√"的颜色使用规定详见（1）。

（5）有关淘汰种猪体表标记办法

在即将淘汰的种猪背部靠近尾部背中线处，画一个大大的红色"×"，表示这头种猪即将被淘汰，只有猪场场长或生产主管（生产场长）及相关技术人员商议才有权淘汰某个个体，副场长或相关技术人员每周应将种猪淘汰名单交于配种妊娠舍工作人员，以便在被淘汰猪的身上画淘汰标记，画完淘汰标记后，技术人员要按照淘汰列表进行核对，以防误淘或漏淘。

（6）配种卡悬挂方式

适合输精的发情母猪从开始适合输精的时间开始至本次情期输精结束，这一时间段配种卡片的悬挂与其他时间段有所不同，就是将配种卡片上每行文字行线方向与地面垂直或对角线与地面垂直方向悬挂，代表该母猪处于输精配种时间段，本次情期该母猪配种输精完毕填好配种卡片后应将配种卡片悬挂的方向置于正常方向。

四、采精及精液稀释操作

1. 采精注意事项

（1）保持公猪的清洁。公猪很脏时，精子采集时通常会接触到脏物（粪便、尿液）。

（2）公猪受到热应激。热对公猪影响很大，可降低精子的活力，增加畸形精子数量。

（3）采精栏。采精栏地板过滑影响采精量。

（4）采精台。采精台位置过高，公猪容易向后滑落。

（5）公猪运动。种用公猪每天至少到运动场运动一次。增强体质，提高性欲和精液品质，同时也可减少肢蹄病和消化系统疾病的发生。

（6）采精手套。采精手套有滑石粉，影响精子活性。

（7）采精频率。公猪的年龄和采精的频率影响精液的体积、密度、活力和采精份数，种用公猪最多每周采精 2 次。

（8）蒸馏水质量。质量差的蒸馏水对精子影响很大，最好用双蒸水。

（9）气温较低时要配备保温箱。

2. 采精操作（图 1-5）

（1）采精前 1 h 将清洗消毒并烘干的采精杯放入 37℃烘箱中预热，采精前，将集精袋放入采精杯，并罩上过滤纸。

（2）把待采公猪驱赶到采精室，然后赶至假猪台前让其适应 2 min，采精人员戴上双层无菌采精手套，挤出公猪包皮的积尿，然后用温热清水毛巾擦干净包皮周围的污物，并将第一层采精手套退去。

（3）对公猪阴茎进行按摩刺激，嘴中模仿母猪哼哼叫，并喊出"上"的指令让公猪爬跨假台畜。

（4）待公猪爬上假猪台后，伸出阴茎时，手心向下，握住公猪阴茎前段螺旋部，用拇指顶住阴茎前段，随公猪阴茎的抽动，顺势把阴茎全部拉出。充分伸展静止后，开始射精。射精过程中不要松手，适当地给予松紧压力刺激，压力减轻将导致射精中断。

（5）公猪开始射精时，先弃去前几滴精液，然后用采精杯收集射出的乳白色精液，弃去中间射出的透明精清和胶体。

（6）采完精后，先将精液杯上的过滤纸去掉，盖住采精瓶，通过化验室的窗口交给化验员立即进行精液处理。将公猪赶回原栏。

图 1-5　采精操作

3. 精子检测操作

（1）检测前将消毒的载玻片在 37℃烘箱中预热，取精液一滴涂于载玻片上，在显微镜下观察精子的密度、活力及畸形率。

（2）精子密度

①密度大说明精液质量好。如有精子密度仪的可以直接利用仪器测出精液的密度。如果没有密度仪就只能靠显微镜观察。精子的密度常分为 3 级（密、中、稀）。

②在显微镜下，精子彼此之间的空隙不足一个精子的长度，此种精液精子密度为密级。

③在显微镜下，精子彼此之间的距离可容纳 1～2 个精子，单个精子的活动清楚可见，此密度定位中级。

④在显微镜下，精子数很少，彼此之间的距离大于 2 个精子或者更大，此密度定位稀级。

（3）活力

①精子活力的评定，一般是推算前进运动精子所占百分率。活力强的标以 0.9、0.8，活力中等的标以 0.7、0.6，活力弱的标以 0.5、0.4。

② 0.9、0.8、0.7、0.6、0.5、0.4 分别代表 90%、80%、70%、60%、50%、40% 的精子具有前进运动力。

③一般检测活力在 0.8 以上方可进行配种使用。

（4）畸形率

①畸形率是指精液中不正常精子存在的比例。

②正常精液的畸形率为 5%，当畸形率大于 5% 时最好不用。

③畸形率超过 14%，严重影响受胎率。

④畸形精子分为如下 4 类。

A. 头部畸形：大头、小头、细长头、梨状头、双头。

B. 颈部畸形：大颈、长颈、屈指颈。

C. 中部畸形：膨大、纤细。

D. 尾部畸形：卷尾、折尾、长大尾、短小尾、双尾、无尾。

正常精子见图 1-6，异常精子见图 1-7。

4. 精液的稀释、保存操作

（1）稀释液的配制

①配置前从烘箱取出高温消毒的 1 000 mL 锥形瓶两只，分别加入 600 mL 蒸馏水，放入 37℃恒温水浴锅预热到 37℃。

②在其中一只锥形瓶中加入需要的稀释份量，用消毒的玻璃棒搅拌溶解。

③最后再用另一只锥形瓶中的蒸馏水定容到 1 000 mL，然后再预热至 37℃。此时的稀释液浓度 = 稀释份量（g）/1 000 mL×100%。

（2）精液的稀释

①采精后马上将集精袋放入 37℃恒温水浴锅预热。

②将精液温度和稀释液温度调节一致时即可开始稀释。

③根据精液浓度计算好稀释比例，保证每头份至少含活精子数 40 亿以上，即 0.5 亿 /mL 以上。

④稀释时将稀释液沿玻璃棒缓慢注入精液，一定要慢速注入，不能太快，以免精子受到剧烈冲击造成损伤。

⑤精液与稀释液混合均匀后，进行显微镜检查，如果没发现"暴死"，说明稀释没有问题。

（3）精液的分装与保存

①分装前将输精瓶预热至 37℃，之后将稀释好的精液慢慢倒入输精瓶做定量分装，每瓶 80 mL，封好，贴上标签，注明公猪号码，采精时间、精液质量。

②分装好的精液一定要在室内慢慢冷却至室温。

③对于 4 h 以后使用的精液必须放入在 17℃恒温冰箱中保存。

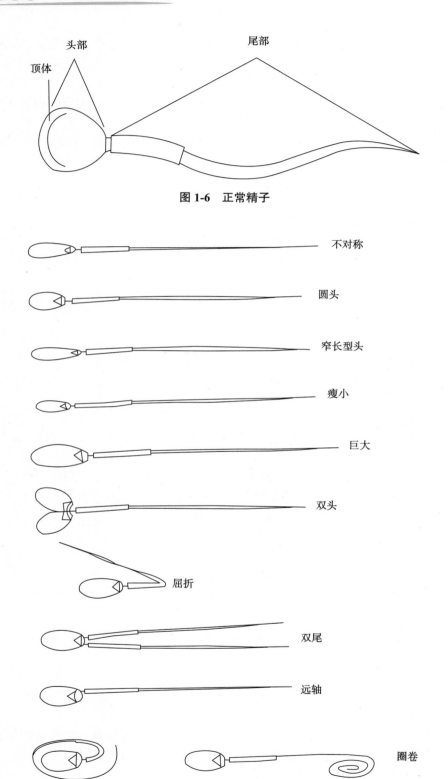

图 1-6　正常精子

图 1-7　异常精子

④储存过程中，精子会有沉淀现象，每隔 12 h 以 180° 慢慢转动输精瓶。

⑤每天根据输精母猪数量，计算所需精液份数，在输精时才从冰箱把精液取出，如果有用不完的精液，直接丢弃，切记再次放回冰箱。

⑥将取出的精液慢慢升温后，放入保温箱，运送至配种区域。

五、人工授精

1. 人工授精的关键

（1）准确地发情鉴定和掌握发情持续时间。

（2）正确规范的输精技术。

（3）质量合格的精液和体况良好的母猪。

（4）输精的次数、频率。

（5）恰当的输精时机。

2. 人工授精注意事项

（1）每次输精前必须检测精液的质量。

（2）气温较低时，输精前应将精液预热并放于保温箱内。

（3）对于体况过肥或者过瘦母猪不该输精，等到下个发情期调整正常后再输精。

3. 最佳输精时间（图 1-8）

（1）发情开始后 36 ～ 44 h 母猪开始自发排卵，通常排卵高峰在发情后 38 ～ 40 h。

（2）总的排卵时间为 4 ～ 6 h，排卵数 10 ～ 25 个。

（3）卵子需要 30 ～ 45 min 到达壶腹，这是受孕的最佳地点，卵子在壶腹的下端最多待上 8 h，这个时候卵子的活力最强。

（4）精子成熟后其活力最多可以保持 24 h。

（5）在排卵前 10 ～ 12 h 输一次精，将会获得最佳效果。

4. 最佳输精时间的母猪表现

发情母猪出现下述情况就可立即输精。

（1）母猪精神状态由兴奋转为抑郁，"静立反射" 10 s。

（2）断奶母猪阴户黏液由浓稠变成可以拉丝时。

（3）后备母猪外阴由肿胀到出现皱褶。

（4）后备母猪发情明显，且外阴黏液由少到很多。

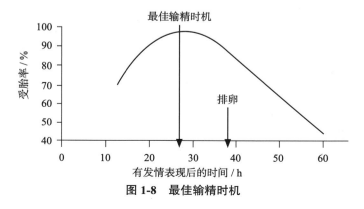

图 1-8　最佳输精时机

5. 建议输精方案

（1）每个场应该根据母猪发情持续时间来开展自己的输精策略（表1-8）。

（2）对后备母猪和断奶发情间隔 ≥ 7 d 的断奶母猪及返情猪，检查到它们发情后立即给予输精，间隔 12 h 后进行第二次输精。

（3）对于断奶发情间隔 < 5 d 的，应该在出现静立反射 24 h 后进行第一次输精，间隔 12 h 后进行第二次输精。

（4）对于断奶发情间隔在 ≥ 5 d 且 < 7 d 的，应该在出现静立反射 12 h 后第一次输精，间隔 12 h 后第二次输精。

（5）第二次输精后母猪仍然表现明显的发情，可以在第二次输精 12 h 后，再进行第三次输精。

（6）使用单体栏进行输精。

表 1-8　理想的输精策略表（星期四断奶）

断奶后的天数	+1	+2	+3	+4	+5	+6	+7	+8
星期四静立反射开始于	星期五	星期六	星期日	星期一	星期二	星期三	星期四	星期五
+1(星期五)								
+2(星期六)				♂	♂			
+3(星期日)				♂	♂	√		
+4(星期一)				♂		√		
+5(星期二)					♂	♂	√	
+6(星期三)						♂	♂	
+7(星期四)							♂	√
+8(星期五)								

6. 配种输精效果评价

每次输精后，在配种卡片上记录好输精效果（表1-9）。

表 1-9　输精效果评价表

项目	人工授精评分		
	1分	2分	3分
静立反射	母猪焦躁不安	静立、稍有移动	静立、完全不动
子宫颈锁定程度	没有锁定	锁定，但是松弛	锁紧
精液回流	大量	少量	没有
输精管带血	大量	少量	没有
输精持续时间	< 90 s	90 s 至 3 min	> 3 min

最佳人工授精时间取决于：断奶至发情，发情持续期及发情至排卵之间的关系（图1-9）

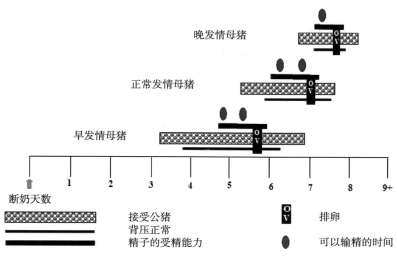

晚发情母猪

正常发情母猪

早发情母猪

断奶天数　　　1　　2　　3　　4　　5　　6　　7　　8　　9+

接受公猪　　　　　OV　排卵
背压正常
精子的受精能力　　●　可以输精的时间

图 1-9　断奶、发情与排卵之间的关系

7. 人工授精操作

常规输精如下：

（1）输精时，先用喷壶对外阴喷水至干净为止，然后一次性湿毛巾或卫生纸擦洗干净母猪外阴。将输精管海绵头用精液或人工授精用润滑胶润滑，以利于输精管插入时的润滑。

（2）赶一头试情公猪在母猪栏外，刺激母猪性欲的提高，促进精液的吸收，当母猪见到试情公猪时会急躁不安，这时千万不能急于输精，此时要耐心按摩母猪，待母猪完全安静后方可进行输精。

（3）试情公猪一定要保持在输精母猪视线范围内，能让母猪看见公猪的存在，感受到公猪的气味。

（4）用手将母猪阴唇分开，将输精管沿着稍斜上方30°角逆时针旋转慢慢插入阴道内。当插入 25～30 cm 时，会感到有点阻力，此时，输精管顶已到了子宫颈口，用手再将输精管左右旋转，稍一用力，顶部则进入子宫颈第 2～3 皱褶处，发情好的猪便会将输精管锁定，此时回拉会感到有一定的阻力，此时便可进行输精（图 1-10 和图 1-11）。

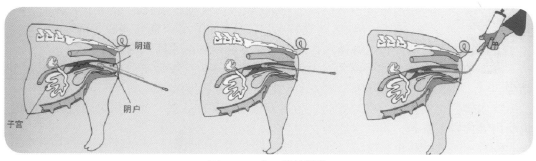

阴道

阴户

子宫

图 1-10　人工输精操作

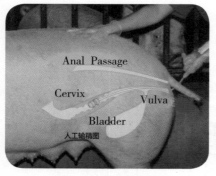

图 1-11　常规输精图

（5）用输精瓶输精时，当插入输精管后，用剪刀将精液瓶盖的顶端剪去，插到输精管尾部就可输精；精液袋输精时，只要将输精管尾部插入精液袋入口即可。为了便于精液的吸收，可在输精瓶底部开一个口，利用空气压力促进吸收。

（6）输精时输精人员同时要对母猪进行"五步法"操作。

（7）输精过程中可以时不时拉拽输精管，刺激母猪的收缩。

（8）正常的输精时间应和自然交配一样，一般为 5～10 min，时间太短，不利于精液的吸收，太长则不利于工作的进行。

（9）为了防止精液倒流，输完精后，不要急于拔出输精管，将精液瓶或袋取下，将输精管尾部打折，插入去盖的精瓶或袋孔内，这样既可防止空气的进入，又能防止精液倒流。

（10）几分钟后，顺时针将输精管取出，输精完成。

人工输精"五步法"操作如下：

（1）第一步：利用拳头按压母猪腹部两侧，也常使用膝盖按压。

（2）第二步：抓住并向上提腹股沟褶皱部。

（3）第三步：利用拳头按压母猪阴户下面，也常用膝盖按压。

（4）第四步：骑在母猪背上或用合适的覆重物压在母猪背上。

（5）第五步：开始输精，输精过程不易太快，3～7 min，公猪最好在现场刺激。

子宫深部输精操作方法如下：

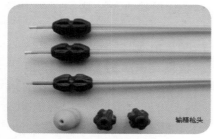

图 1-12　低剂量深部输精枪（普通型）

（1）清洗母猪外阴并擦干（先用 0.3% 高锰酸钾清洗再用清水清洗）。

（2）插入外管：

①打开输精管（图 1-12）包装后，不得接触和污染输精管需插入母猪生殖道内的部分。

②插入外管前，将凝胶涂在外管泡沫端。

③将外管插入母猪子宫颈褶皱处。

（3）插入内管：

①在插入内管前，可让内管在手上缠绕 2 圈。这样可以方便控制内管，防止碰触无菌末端。

②抓住内管后端，将内管插入，注意避免碰触内管的无菌末端。

③向前推送内管，如果感到有阻力时（子宫颈未完全松弛时，内管很难插入），应稍等 30 s，可依次对下头母猪尝试插入。之后返回来再继续插入。

④内管完全插入后，将外管轻轻地往母猪体内深推一些，此时如果内管轻微回退，说明内管位置不正确，未完全插入。

⑤再次将外管往里轻轻推，此时内管任保持不动，就可以实施输精了。

（4）输精及回流检查：

①将精液输入前，应轻轻晃动精液，确保最佳数量的精子进入生殖系统。

②将 1 剂量的精液接到输精管上，用一只手推住内管，另一只手将精液缓慢、持续地挤入。

③在输精过程中，要检查有无回流。如无回流，则握住继续将剩余精液缓慢挤入。如发生回流，则表明输精不正确；轻轻回抽内管，重新插入如果倒流严重，重新输精。

（5）取出输精管：

①所有精液注入后，将内管和输精瓶一起抽出。

②内管抽出后，将外管抬高，用手刺激外阴 30 s。

③顺时针绕 3 圈抽出外管。

六、组建配种组或配种批次

（1）猪场组织配种一般按照周次生产或批次生产进行配种。周次生产组织配种即每周都组织一批配种、断奶、转群的生产，适合较大规模生产。

（2）每个批次参加配种的母猪组成（表 1-10）。

表 1-10　参加配种的母猪组成　　　　　　　　　　　　　　　　　　%

参配母猪类型	母猪年更新率					
	30	35	40	45	50	55
断奶母猪	68.5	66.5	64.6	62.7	60.8	58.8
后备母猪	14.9	16.8	18.7	20.6	22.6	24.5
空怀/返情母猪	16.7	16.7	16.7	16.7	16.7	16.7

（3）重点关注空怀/返情母猪，其次后备母猪，最后是断奶母猪，管理上分别对待。

断奶母猪断奶之前在产房对一胎和高胎龄（6 胎以上）做好记号，断奶时对一胎和高胎龄母猪进行特殊关注处理。建议标记办法：断奶的青年母猪（第 1 胎次）用蓝色标记笔在猪的颈部画一道横线表示青年母猪，在尾根前面猪臀部画一条蓝色横线表示高胎龄母猪。

七、批次生产

一般情况下，猪场是按照周次来组织生产，也就是每周都组织配种、分娩、断奶等工作（表 1-11）。批次生产是将组织配种、分娩、断奶等工作的批次间隔拉长，批次之间的时间间隔有 3 周、4 周及 5 周（表 1-12）的，要求同一个配种批次配种工作必须在 7～10 d 内完成（最好 7 d 内完成）。由于批次生产分娩批次间时间间隔长，使仔猪和生长育肥猪批次之间的日龄间隔变长，转猪的间隔也变长，这样有利于对猪病的防控工作。

表 1-11　批次生产母猪规模与批次母猪数量表

生产方式	母猪组数	不同规模猪场 每个批次配种组的母猪数量 /（头 / 组）				
		300	600	1 200	1 800	2 400
连续生产	21	14	29	58	87	116
间隔 3 周	7	43	86	172	258	344
间隔 4 周	5	60	120	240	360	480
间隔 5 周	4	75	150	300	450	600

表 1-12　5 周一个批次按 3 周龄断奶的工作计划表

星期	第 1 周（断奶）	第 2 周（配种）	第 3 周（分娩）	第 4、第 5 周 （无重要工作）
星期一	治疗仔猪	配种和妊检	—	—
星期二	仔猪转群	配种	妊检	—
星期三	准备好青年母猪以进行 同期发情	配种		
星期四	断奶	—	分娩	—
星期五	清洗分娩舍	待产母猪进分娩舍	分娩	—
星期六	清洗装猪车		分娩	
星期日	—	—		

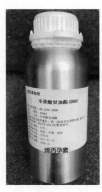

图 1-13　烯丙孕素（使用辛癸酸甘油酯溶液作溶媒）

批次生产由于配种批次间间隔时间长，组织后备母猪参与配种一般使用激素控制同期发情。

烯丙孕素（图 1-13），是一种水溶性、人工合成的口服型活性孕激素，外观呈白色结晶粉末，类似于天然孕酮的作用模式来抑制促性腺激素的释放，可作为家畜同期发情的药物。

对后备母猪已知历史发情日期，且下次发情日期不在下一批次配种周内的后备母猪，从下一个配种批次的开始日期算起往回倒推 15 d 的日期开始饲喂烯丙孕素 12 d（连续 12 d）；对未知发情日期的后备母猪，从下一个配种批次的开始日期算起往回倒推 21 d 的日期开始饲喂烯丙孕素 18 d（连续 18 d）；统一规定在下午 4 点饲喂 4 mL 烯丙孕素（20 mg/d）。一般情况下，停止饲喂烯丙孕素后 5～8 d，后备猪会发情，发情集中在停药后 5～6 d。

八、有关年度配种组号的规定

按周次进行组织配种生产的猪场必须严格按照上述规定的配种组的开始日期开展工作，不得随意更改配种组号。

对于批次生产的猪场,如果该组第一个配种母猪配种日期在上述表格中"每年第一个配种组所处的日期区间"的开始日期之后,则该组为下一年度01组,以后组号顺延即可;如果该组有一部分母猪的配种日期落在上述表格中"每年第一个配种组所处的日期区间"之内,但有另一部分处于上述表格中"每年第一个配种组所处的日期区间"之前,这种情况,主要看该配种组所配的母猪数量,如果有一半以上的配种日期落在"每年第一个配种组所处的日期区间"之内,则该组被定义为下一年度01组,否则该组的下一个批次配种组将被定义为下一年度01配种组,以后组号顺延即可(表1-13)。

表 1-13 年度配种组号的起始组号的开始日期规定表

年份	每年第 1 个配种组组号	每年第 1 个配种组所处的周的日期区间	本年配种组最末一组组号
2016	2016-01 组	2015/9/6—2015/9/12	
2017	2017-01 组	2016/9/4—2016/9/10	
2018	2018-01 组	2017/9/3—2017/9/9	
2019	2019-01 组	2018/9/2—2018/9/8	
2020	2020-01 组	2019/9/1—2019/9/7	有
2021	2021-01 组	2020/9/6—2020/9/12	
2022	2022-01 组	2021/9/5—2021/9/11	
2023	2023-01 组	2022/9/4—2022/9/10	
2024	2024-01 组	2023/9/3—2023/9/9	
2025	2025-01 组	2024/9/1—2024/9/7	有
2026	2026-01 组	2025/9/7—2025/9/13	
2027	2027-01 组	2026/9/6—2026/9/12	
2028	2028-01 组	2027/9/5—2027/9/11	
2029	2029-01 组	2028/9/3—2028/9/9	
2030	2030-01 组	2029/9/2—2029/9/8	

第五节 妊娠鉴定操作

一、用公猪查情

配种后 18 ~ 24 d 用公猪试情,与正常试情方法一样,不再发情的母猪即可初步确定妊娠。其表现为:贪睡、食欲旺、易上膘、皮毛光、性温驯、行动稳、阴门下裂缝向上缩成一条线等。

二、用 B 超检查(图 1-14)

对配种后 18 ~ 24 d 组、33 ~ 38 d 组用 B 超对每头猪进行检查。B 超检查之前在探头上涂好耦合剂或食用油，再与母猪皮肤接触，避免探头和母猪皮肤之间有缝隙，影响图像效果。用 B 超对准母猪倒数第二、第三对乳头处的腹部，探头方向向前方与腹部皮肤紧密接触，当显示器上图像出现明显的黑洞时，即为怀孕，黑洞是羊水反射造成的。黑洞越多证明怀孕状态越明显，怀孕猪数可能更多；黑洞不明显或数量少，可能怀孕效果差或怀孕猪数少。注意探头不能向后方，这样出现的黑洞应是膀胱的反射造成的，而且要比羊水反射造成的黑洞大。没有黑洞出现判定为空怀。黑洞有但很模糊、看不清，暂时定为空怀，一周以后再用 B 超检查确定是否怀孕。

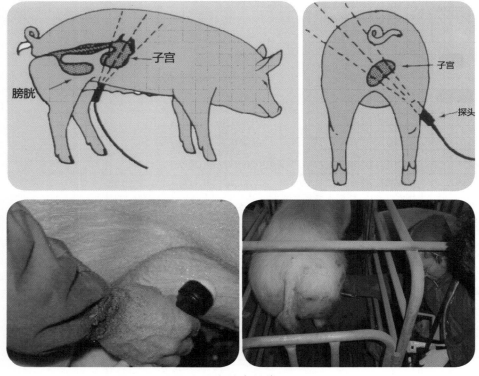

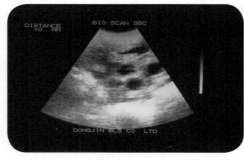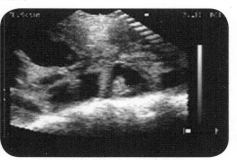

B 超检查操作

妊娠 23 d B 超图像　　　　　　　　妊娠 35 d B 超图像

图 1-14　B 超妊娠检查操作图

第六节　母猪分娩操作

一、产房生产管理目标（表1-14）

表 1-14　产房生产管理目标表

目　标	干预水平	备　注
母系窝均断奶仔猪数＞9.5	低于8.7	分析原因，采取措施
三周龄个体均断奶重＞6.2 kg	＜5.7 kg	分析原因，采取措施
四周龄个体均断奶重＞7.5 kg	＜6.8 kg	分析原因，采取措施
断奶猪残/次/小的比例＜6%	＞10%（含）	分析原因，采取措施
断奶母猪断后7 d发情率＞90%	＜85%	查找原因，采取措施
哺乳期背膘损失超过6 mm的个体比例应＜10%	＞17%	查找原因，采取措施

二、产房准备

产前10 d冲洗和消毒好产房，步骤如下：

（1）包好插座（使用绝缘材料包好插座，防止漏电）。

（2）彻底清理打扫产房，包括：地面、墙面、猪栏、食槽、保温箱、补料槽、地沟等部位。

（3）事先用泡沫剂水浸泡需要清洗的部位2 h。

（4）待充分浸泡2 h后，用高压冲洗机彻底冲洗产房并进行严格消毒。

（5）冲洗和消毒范围应包括：水泥地面、漏缝地面、猪栏、隔板栏壁、料槽、粪沟、顶棚、保温箱以及常用工具等。

（6）用稀释好的消毒液消毒产床、地面、保温箱、料槽等。具体消毒办法详见消毒操作的后面内容。

（7）消毒后的产房要干燥、空置3 d以上。

三、产房接猪前的物质准备

（1）门前的消毒脚盆内放入10 cm深的消毒液，如使用2%～3%火碱溶液或1∶500的百菌消溶液。

（2）使用经过1∶500的百菌消溶液浸泡过的抹布擦拭料槽，打开每栏后门。

（3）每栏准备好保温设施。

（4）准备高低温度表。

（5）通风设备运转正常。

（6）饮水器有充足的水源。

（7）分娩前所有物品必须到位：加热灯及保温箱，垫子，塑料桶（装胎衣及死胎用），蒙脱石粉，一次性长手套，润滑剂，毛巾，母猪分娩卡等纸质记录，必要的药物。

四、洗猪

洗猪步骤如下：

（1）用温清水湿润母猪全身，同时用刷子刷去母猪身上的脏物和粪便，关键部位是阴门周围、四肢、下腹。

（2）再用温清水冲洗干净，并用5%碘酒消毒上述关键部位，然后将母猪转入产房的产栏内。

五、产前准备

1. 产房温度，产房要求两种不同的环境条件

（1）分娩母猪的适应温度为19～22℃。

（2）哺乳仔猪所需要的温度为如下：

①出生时32℃。

②第2～5天为30℃。

③第6～8天为28℃。

④第二个星期为26℃。

⑤第三个星期为24℃。

⑥第四个星期为22℃。

（3）温度调节后，保证猪舍内相对干燥、温暖、无贼风。

2. 准备接产工具

（1）保温灯及其设备。

（2）仔猪补料槽（经3%火碱溶液消毒后，再用清水冲洗干净再干燥）。

（3）室内温度计。

（4）经过高压锅消毒过的耳号钳、打洞钳、断尾钳、剪牙剪子、平头手术剪、结扎线及注射器、针头等用具。

（5）牲血素、催产素、碘酊等常用药品。

（6）毛巾。

（7）胎衣桶。

3. 预产期前2d，应每天检查母猪乳房2次，来判断乳头的出乳情况，并将保温灯准备好

4. 分娩前用1‰高锰酸钾清洗母猪乳房及阴门，并按摩乳房

5. 分娩卡上注明预产期、组号或批次号

六、临产症状

（1）分娩前约2周，乳头开始肿胀。分娩前2d，外阴中有时会出现白色排出物。乳头变微红，摸起来微热、柔软。

（2）母猪不想吃料，呼吸加快。

（3）腹部膨大下垂，乳房有光泽，两侧乳头外胀，用手挤压有乳汁排出，初乳出现

后 12—24 h 内即分娩。

（4）分娩前 6 h，可以从乳头中挤出初乳。母猪变得焦躁不安并表现出筑巢行为。在分娩栏内表现为：用前腿刮地面，咬保温箱和料槽，用嘴拱漏缝地板。呼吸频率加快，每分钟超过 30 次。

（5）阴道红肿，行动不安，有做窝现象，频频排尿。

（6）产前，外阴中有黏性的排出物。开始出现宫缩，可以通过母猪尾巴上举和抬起后腿来辨别出来（图 1-15）。每次宫缩持续 1～3 min。每小时出现 10～15 次宫缩。越是临产宫缩出现的此数越多。平和、安静的环境有利于产仔。

（7）母猪分娩前精神兴奋，频频起卧，阴户肿大，乳房膨胀发亮。当阴户流出少量黏液及所有乳头能挤出多量较浓的乳汁时，母猪即将分娩。

（8）破水。

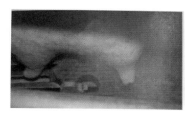  

图 1-15　分娩征兆：能挤出初乳，后腿抬起，尾巴上举

七、监控分娩过程

妊娠 114～115 d，母猪通常会在下午或晚上产仔。可以使用前列腺素更好地控制分娩过程。但是，在妊娠 113 d 前不能使用，否则会降低仔猪的成活率。当分娩过程进行得很慢时，需要打催产素，但是不能过量，过量的催产素会引起肌肉过度收缩，分娩反而变慢。每次催产素用量为 0.1～1 mL（5～10 IU 颈部注射），在 1 h 内注射不能超过 3 次。

八、接产（表1-15）

母猪给予分娩照顾将能减少在生产时或生产后数小时内小猪夭折的数目，例如，解除覆盖仔猪的胎膜及弱小猪的急救，小心照顾同时可以减少生产后头几天的其他死亡，因此分娩时必须做到如下几点。

（1）有专人看管。

（2）仔猪出生后，接产人员应立即用手指将其耳、口、鼻的黏液掏除并擦净，再用抹布或干燥剂（如密斯托）将全身黏液擦净；

（3）断脐，并用 2% 的碘酒消毒，脐带应留 3～4 cm，对掐断后仍流血的应用线结住。

（4）给仔猪补光，保证仔猪温暖，刚出生时保温箱灯下温度应控制在 33～35℃。这样可较快地烤干小猪，恢复体力。

（5）帮助仔猪吃上初乳，仔猪吃乳前应把母猪乳头中的乳汁挤掉几滴。

（6）抢救假死仔猪，对假死的猪可拍几下，也可将脐血有规律地挤向腹部，亦可做人工呼吸。抢救工作贵在坚持，除非确定其死亡，否则不应停止。

（7）必要时助产。

（8）分娩母猪应尽量保持安静，以免引起母猪分娩中断。

表 1-15　分娩接产工作指导表

指　标	标　准	备　注
宫缩—产出第 1 头仔猪	间隔 2 h	
第 1～2 头仔猪	间隔 < 1.5 h	超过 1.5 h，助产
第 1 头至最后 1 头仔猪	间隔 3 h（1～8 h）	
不同仔猪之间的间隔	15 min（1 min 至 4 h）	超过 1 h，助产
臀位	40%	头位 60%
脐带断裂	35%	多见于最后 1 头仔猪
脐带干燥	自开始后 6 h（4～16 h）	检查出血
胎衣	分娩后 4 h（1～12 h）	也可能出现在产仔中间

九、产后护理

（1）称取仔猪出生重、窝重及清点公母仔猪数。

（2）打耳缺号，应每处理 1 头仔猪均需将耳号钳放入 75% 的酒精内浸泡 2～3 min 进行消毒处理，耳缺号组成由窝号＋个体号组成，窝号由场长事先给定范围，个体号遵循公仔猪为 01、03、05、09、11 单数，母仔猪为 02、04、06、08、10 双数，个体之间不能重号。

（3）断尾，是使用断尾钳将仔猪尾巴剪短，目的是减少咬尾发生，仔猪断尾处为拉直仔猪尾巴，公猪取阴囊正上方，母猪取阴门正上方。

（4）补铁补硒，仔猪生后每头肌注 1.5mL 加硒牲血素。

（5）要确保仔猪出生后身体很快变干，加设保温灯，或出生仔猪皮肤涂抹蒙脱石粉。将脐带打结避免出血，消毒脐带。

（6）出生仔猪通过羊水的气味，奶或母猪腕腺的气味，母猪发出的咕噜声，别的仔猪发出的声音，母猪的毛流，温暖，暗光，来寻找母猪乳头。

（7）仔猪的头部和前腿膝盖受伤是一个重要信号，可能因泌乳不足而产生的打斗造成的。

第七节　助产救助操作

一、判断难产

母猪正常分娩时每隔 5～30 min 产下一头仔猪，需要 2.5～5 h 产完。如果母猪长时间剧烈阵痛，但仍产不出胎儿，呼吸困难，心跳加快，阴门紧张，上个仔猪生下后

30 ～ 60 min 内不见仔猪出生，便为难产。

助产： 从预产期的分娩时间开始，每 2 h 检查一次是否出现宫缩（抬起后腿）。出现宫缩后，每小时至少 1 次。如果在两次检查之间没有仔猪产出，看一下是否仔猪阻塞了产道。轻轻抚摸母猪的乳房，这样可以避免检查时母猪想站起来。

产道中内有仔猪：考虑打催产素，增加子宫收缩；产道中有仔猪，将仔猪掏出来，等母猪继续分娩。当刚刚产出的仔猪皮肤已经干了，检查产道中是否有另 1 头仔猪。产完后，对母猪进行抗生素治疗。

一般情况下，产仔多的母猪分娩得较早，而产仔少的母猪分娩得较晚。出生仔猪皮肤黄染，说明仔猪在产出过程中在羊水中排粪，产程过长造成的。

不要剪脐带或扯脐带。脐带必须自行干燥、脱落，喷上碘酊预防感染。

二、助产常用工具

1‰高锰酸钾，助产手套，注射器及针头，催产素，青霉素等。

三、助产处理

1. 肌注注射催产素

每次催产素用量为 0.1 ～ 1 mL（5 ～ 10 IU 颈部注射），在 1 h 内注射不能超过 3 次。

注射量 10 IU，注射催产素应在母猪已娩出至少 1 头仔猪后进行，而且应首先进行产道探查，产道探查的步骤如下：

（1）使用 1‰高锰酸钾清洗、消毒阴门。

（2）带上一次性长臂薄手套并用 75% 的酒精进行擦拭消毒。

（3）将手握成锥形伸入产道，检查子宫口有无胎儿，确认没有后按剂量注射。

2. 人工助产

注射催产素 30 ～ 60 min 后仍无仔猪娩出，应采取人工助产，其步骤如下：

（1）使用 1‰高锰酸钾清洗、消毒阴门。

（2）用肥皂清洗手臂，并用 75% 的酒精进行擦拭消毒，再用石蜡油擦拭。

（3）将手握成锥形慢慢进入阴道，抓住仔猪双脚或上颌骨。

（4）随着母猪努责开始外拉仔猪。

（5）拉出仔猪后及时帮助仔猪呼吸。

（6）观察母猪的反应，并用青霉素治疗母猪。

第八节 寄养（仔猪调圈）操作

一、寄养的目的

使每头母猪的乳头都能得到有效的利用，每一头仔猪都能够吃上奶，以提高仔猪成活率。

二、调圈的原则

（1）调圈必须在打完耳号后进行，以免把仔猪窝号搞乱。打耳号要在仔猪出生后24 h内完成。

（2）调圈必须在仔猪吃到自己母亲的初乳，通常在24 h后进行。

（3）调圈最好在同天出生的仔猪间进行，或将先出生的仔猪调往后出生的仔猪圈。

（4）生病的仔猪不能调圈。

（5）调大不调小，调强不调弱。

（6）每头仔猪不能调圈次数太多，一般不超过2次。

三、调圈的方法

（1）观察母猪乳头情况，根据有效乳头进行调圈，有几个有效乳头奶几头猪。

（2）母猪产后没奶的要及时调走仔猪，可将仔猪分散给和它同时或比它晚产的母猪，或找一个奶娘代养。若奶娘是断奶母猪，一定要用断奶母猪替换一头产后2～3周的母猪，再用这头母猪带养刚出生的猪。

（3）调圈时要将窝中较大较强壮的仔猪调走，将弱仔固定在较大仔猪原来的位置（通常在前三对乳头）。

（4）产仔多不好调时，可在同时或相近分娩的母猪中找一头产仔比较大的泌乳性能好的母猪，将其仔猪调给其他母猪，再将每窝中的弱仔调进，集中哺乳，以便管理。

（5）出生3 d内，每天仔细观察每窝仔猪情况，随时进行调圈。

（6）每窝猪在调完圈后要有良好的整齐度。

第九节　断尾操作

仔猪断尾有两种操作：烙铁断尾操作、自行车气门芯断尾操作。

一、烙铁断尾操作（图1-16）

（1）烙铁通电预热。

（2）操作分一个人操作和两个人操作。

一个人操作：从产床拿起要断尾的仔猪，仔猪头部垂直向下，左手小指钩住仔猪左腿的根部，左手拇指和食指捏住尾巴根部，右手持已充分预热的250 W弯头电烙铁在距尾根3 cm处，稍用力压下尾巴被瞬间切断。把小猪放回原圈。

两个人操作：协作人从产床拿起仔猪，将仔猪横抱，腹部向下，侧身站立，将仔猪臀部紧贴栏杆，持烙铁人员站在通道上，左手将仔猪尾根拉直，右手持已充分预热的250 W弯头电烙铁在距尾跟3 cm处，稍用力压下尾巴被瞬间切断。

注意事项：

（1）电烙铁应充分预热。只有温度高，切断速度才快，应激小。

（2）断尾时不能过分切除，否则因切面大，会大量失血。

（3）断尾时仔猪保定要牢，以免伤到人员。

二、自行车气门芯断尾操作

（1）工具：气门芯一根、剪刀一把、光滑的笔筒一根（一头尖一头粗）。

（2）准备：用剪刀把气门芯截成约1 mm宽的套圈。把套圈再一个一个套在笔筒上待用。

（3）操作：操作人员从产床上把仔猪拿起，腹部朝下放在自己的膝盖上，左手捏住仔猪尾巴，右手拿套胶圈的笔筒，把仔猪尾巴塞进笔筒，笔筒上的胶圈下滑到距仔猪尾根3 cm处即可。把仔猪放回原圈。

（4）结果：4～7 d内，因血液受阻营养缺乏，其尾会逐渐坏死、萎缩、干枯、脱落。

准备工作

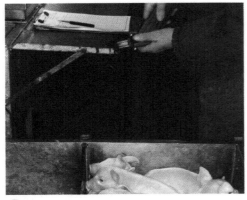

1　组织一个光线充足、空间足够大的工作区，确保能安静地工作并能控制一切，使所有的工具都触手可及。

2　仔细检查以确保烙铁足够烫，并且上面没有芒刺。

工作内容

3　将全窝仔猪固定，以确保能够快速、方便地抓起。

4　把尾巴放在工作台上面：从尾巴的下侧向上面剪。

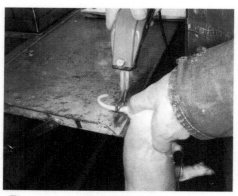

5 用烧红的烙铁把尾巴剪到 1.5 cm 长。

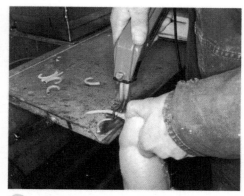

6 允许烙铁慢慢地放下剪断尾巴，这样伤口可以被适当地烧灼。

在工作过程中的监督

7 把仔猪放回到一个安静的地方，注意确保仔猪栏舍的状况良好，恢复期的仔猪需要更温暖的环境。

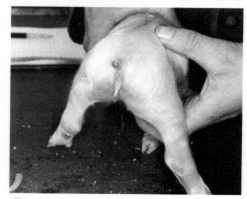

8 尾根被彻底地灼烧且未出血。

检查结果

9 断尾后的 10 min：超过 90% 的仔猪都没有出血。

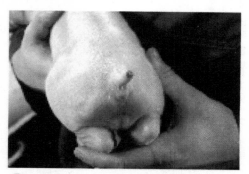

10 断尾后 3 d，超过 90% 的仔猪伤口变干，没有肿大，并且边缘不发红。

图 1-16 电烙铁断尾操作图

第十节 打耳缺操作

一、操作步骤

（1）准备好物品。耳缺钳、耳洞钳、碘酒、碘酒棒。

（2）协作人员在产床上把确定要打耳缺猪只找到，递到操作人手里。

（3）猪只保定。将仔猪头朝前保定在操作人两腿之间或用手直接握住仔猪颈部，使头部朝前。

（4）打耳缺。

①弄清楚要打的耳缺编号，做到打之前心中有数，打准确。

②由于不同数值分别位于耳根、耳尖和中间，注意衡量好界线才打。

③将耳缺钳对准耳区边缘，快速有力剪下，动作慢会有部分皮肤组织未剪断。耳洞钳选取耳朵中间无血管、软骨平坦处。

④打时还要注意有适当的深度，才能防止猪耳重新生长愈合，造成出错或被咬烂而无法读取号码。

⑤用 0.5% 碘酒对伤口进行消毒，将小猪放回原圈。

⑥猪只观察：必须对打耳缺的小猪进行观察，一是看是否继续出血，如有大量出血应及时处理，否则会引起死亡；二是看是否发生感染，对感染的仔猪及时做放脓、消毒处理。

二、注意事项

（1）打耳缺时要注意不要伤及血管。

（2）耳缺钳或耳洞钳要水平对准，速度快准。

（3）每次操作前后，做好剪牙钳的消毒工作，防治继发感染或疾病传播。

第十一节 打耳刺操作

一、工具

耳刺针、耳刺钳、耳刺墨、小刷子。

二、操作

（1）把备用的耳刺针按顺序插在一块泡沫板上。

（2）操作人员把耳刺钳上方的螺丝帽松动，在场号耳刺钳安装好场号耳刺针，在窝号和个体号耳刺钳安装好窝号和个体号耳刺针。

（3）协作人员从产床把仔猪拿起，双手捧住仔猪。仔猪头部对着操作人员。操作人员在仔猪的右耳刺场号，在仔猪的左耳刺窝号和个体号，每窝的窝号不变，个体号刺一头按顺序换一次耳刺针。如：窝号是 3 个体号是 1 耳刺针的排列是 000301、个体 2 是 000302。

（4）刺后操作人员用小刷子蘸点耳刺墨刷仔猪耳朵的耳刺处。刷后把仔猪放回原圈。同样的方法再刺其他仔猪。

第十二节　去势操作

一、去势日龄

最适宜的去势日龄为 7～10 日龄，因为此阶段对仔猪应激小并且伤口容易恢复。

二、去势操作步骤（图 1-17）

（1）准备好物品：去势刀、碘酒、碘酒棒。

（2）协作人员在产床上把确定要去势猪只找到，递到操作人手里。

（3）猪只保定：将仔猪头朝后保定在操作人两腿之间，腹部朝下，左手捏住小猪的睾丸使睾丸鼓起，右手拿手术刀。

（4）摘除睾丸：

①将小猪阴囊部用 0.5% 碘酒全面消毒，操作人员用左手拇指和食指捏住小猪的一只睾丸，使睾丸和阴囊紧密结合。

②右手用手术刀沿睾丸下 1/3 处垂直进刀，顺势将阴囊切开 1～2 cm（根据小猪睾丸的大小灵活掌握切口的大小）的开口，用左手拇指和食指轻挤睾丸使睾丸暴露在阴囊外面。

③右手抓住暴露在阴囊外的睾丸，用左手拇指和食指指甲前后刮精索，同时右手轻轻使劲往外拉睾丸，直到精索断裂为止；用同样的方法摘除另一只睾丸。

④两只睾丸摘除后用 0.5% 碘酒对伤口进行消毒，将小猪放回原圈。

（5）猪只观察：必须对去势后的小猪进行观察，一是看是否继续出血，如有大量出血应及时处理，否则会引起死亡；二是看精索是否露在阴囊外面，如阴囊外面能看到精索必须重新切断精索，否则会引起感染甚至死亡。

（6）注意事项如下：

①如果小猪去势太迟，留在体内的精索太长、太大，伤口恢复很慢，容易导致感染，造成硬结或化脓；如切口太靠近肛门，容易受粪便污染，导致伤口恢复缓慢甚至感染化脓。

②手术刀刃不能对着自己和别人，以免受到伤害。

工作内容

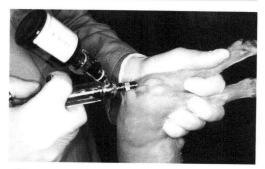

1　在睾丸和切口处的皮肤下流向局部麻醉剂。

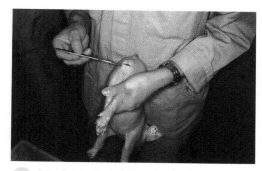

2　划一条切口穿透皮肤。不要伤到睾丸。切口应该非常低，使任何液体都能轻易地排出。

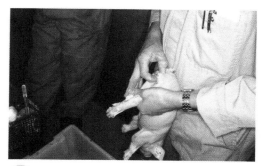

3　从切口处将睾丸挤出。

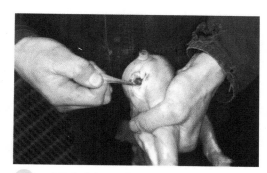

4　一次性摘除睾丸和精囊索。

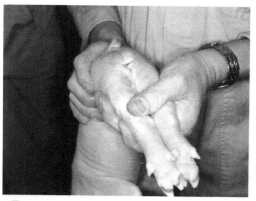

5　仔细检查伤口：能否确定没有任何东西露在外边？

术后检查

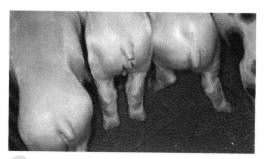

6　图中右边那头猪的伤口恢复得很好。但是，左边那头猪的伤口处的精索妨碍了伤口的闭合并为细菌的进入提供了方便条件。

图 1-17　去势操作

第十三节　猪群转群操作（含手续、签字、加班）

一、母猪上床

（1）由种猪车间主任或配种员，根据配种记录，做好上床计划，按计划让统计员打印出母猪卡，通知产房负责人组织接猪。

（2）按预产期先后依次赶出计划上床母猪，预产期同日的母猪做同样的记号，以备上到产床上时安排在同排临近的产床，有利于接产操作（根据母猪洗澡间的大小，每次赶出适宜的头数，使母猪在洗澡间内能够移动而不能跑动，洗猪人员能在母猪之间走动刷拭，即以洗澡间地面面积 2.25 m² / 头左右为宜）。种猪车间人员把母猪赶入洗澡间后，由产房人员负责刷拭母猪（水温为（35±3）℃，水流压力应低于 4 MPa）。

（3）母猪上到产床上时，要按预产期先后依次排列，床位安排好后，种猪车间主任或配种员与产房负责人共同核对本次上床母猪头数、耳号，在母猪上床记录表上签字，种猪车间主任或配种员将母猪卡交给产房负责人，产房人员负责核对并挂好母猪卡。

（4）当晚各自上报以上变动日报。统计员核对双方报表，吻合后，方可录入电脑数据平台。

二、母猪下床

（1）哺乳母猪到计划断奶日期，产房负责人将计划下床母猪核对好后，通知种猪车间主任或配种员接收下床母猪。种猪车间主任或配种员组织本车间人员接收下床母猪。

（2）产房负责人与种猪车间主任或配种员共同核对下床母猪耳号、头数，并在母猪下床记录表上签字确认。

（3）当晚上报日报时，各自上报以上变动情况，产房负责人负责将母猪卡交回统计员处。统计员核对双方报表，吻合后，方可录入电脑数据平台。

三、断奶仔猪转出

（1）仔猪到计划转出日期，由统计员通知产房、育仔负责人准备转猪。转入前育仔负责人将育仔待转入单元料槽、栏杆、地板、饮水器等全面检查一遍，调整到规定状态（每个饮水器的水都要放出一些，使饮水器流水顺畅，无污染。冬季，还要将舍温提高到 26℃。夏季，则选择早上 5：00～7：00 转群，以避免高温热应激），转入顺序要先转核心群后代，放置在前 5 个栏内，再转可售种猪（先转纯种，再转二元），最后再转去势肥猪、弱小猪和病猪（运猪车辆装猪密度不能过大，以尽可能降低机械挤压等造成的应激和损伤），进一步做好分栏调整。

（2）统计员、产房、育仔负责人共同确认转群头数、质量，出现异议以统计员的判定为准，三方在转群记录表上签字确认，统计员将本组猪各项计划及记录表打印交给育仔负责人。

（3）当晚产房、育仔各自上报以上变动日报，统计员核对双方报表，准确吻合后，方可录入电脑数据平台。

（4）断奶仔猪必须个体称重，并做好记录。

（5）断奶成功的因素：①从健康的仔猪开始；②一个清洁、消过毒、干燥的保育舍；③100%全进全出；④温度至少26℃，舒适；⑤断奶仔猪容易找到饲料和饮水；⑥可口新鲜的饲料，洁净的饮水；⑦给予那些不能立即采食及饮水的仔猪帮助；⑧让仔猪活跃起来；⑨断奶后前3 d，提供24 h光照；⑩尽可能同窝仔猪在一起。

（6）抓仔猪时，不要抓猪的耳朵。抓仔猪的手法是抓住仔猪的腰部并提起，同时，用另一只手托住仔猪（图1-18）。

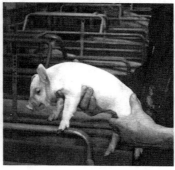

图1-18　抓仔猪手法

四、育仔猪转出

（1）育仔猪到计划转出日期，由统计员通知育仔、育肥负责人准备转猪。转入前育肥负责人和待转入舍饲养员将育肥待转入栋舍料槽、栏杆、地板、饮水器等全面检查一遍，调整到规定状态（每个饮水器的水都要放出一些，使饮水器流水顺畅，无污染。冬季，还要将舍温提高到20℃。夏季，则选择早上5：00 ～ 7：00转群，以避免高温热应激），转入顺序要先转核心群后代先公后母，放置在前5个栏内，再转可售种猪（先转纯种，再转二元，先公后母），最后再转去势肥猪、弱小猪和病猪（运猪车辆装猪密度不能过大，以尽可能降低机械挤压等造成的应激和损伤），进一步做好分栏调整。

（2）保育仔猪转群前4 d将舍温调整到比育肥舍低2℃。准备转进的育肥舍，温度调高2℃。

（3）统计员、育仔、育肥负责人共同确认转群头数、质量，出现异议以统计员的判定为准，三方在转群记录表上签字确认，统计员将本组猪各项计划及记录表打印交给育肥负责人。

（4）当晚育仔、育肥各自上报以上变动日报，统计员核对双方报表，准确吻合后，方可录入电脑数据平台。

（5）保育仔猪传出必须个体称重，并做好记录。

（6）抓猪不能抓猪的耳朵。抓较重的仔猪手法是，抓住较大仔猪的后腿，用另一只手臂放在胸部下方将其托起。要抓住很重的仔猪，应该抓住腹股沟处的褶皱，而不是抓后腿（图1-19）。

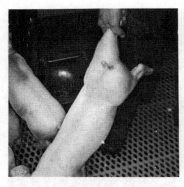

图 1-19　抓较重的仔猪手法

五、转猪时的要点

（1）要用挡猪板进行哄猪。

（2）地面平坦，保持同一水平面，相同的颜色，没有不常见的东西。

（3）没有干扰性声音。

（4）使猪从黑暗处到明亮处移动。

（5）没有移动的物体、人、影子或光线。

（6）没有强烈的刺眼的光。

（7）没有干扰性的物体、围栏或盲点。

（8）坚固的边墙（不透明）。

（9）群体转移比个体转移容易。

（10）如果出现某个个体转移困难，可以将猪头上套上一个桶或塑料袋（需不透明），猪会向后退。

第十四节　猪群分栏操作

一、哺乳仔猪的分栏寄养

仔猪出生后在 2 日龄以内，打过耳号后，将出生日期差小于 2 的窝内仔猪进行分栏寄养，选择胎龄小的母猪，将符合以上条件窝的弱小仔猪集中寄养，这样将各窝需特殊护理的仔猪集中起来，重点看护，既减少工作量，又起到事半功倍的效果。做好寄养记录，当晚报日报时一并上报。

二、育仔猪的分栏

育仔猪转入时，分成待选后备猪、可售种猪、肥猪、病弱猪四个群体，每个群体最大限度地公、母分开，群体内按体重再分栏，每栏装猪密度应不低于 0.33 m²/ 头。待选后备猪要放在每组猪的前 5 个栏内。病弱猪要放在距离出风口最近的栏内。每组猪转入时要留出 2 个栏位，作为病弱猪备用栏，以备以后饲养过程中进一步分栏调整。饲养过程中，每日观察猪群时，如出现病弱猪，则及时调到病弱猪备用栏内，进行治疗和特殊护理。

三、育肥猪的分栏

育肥猪转入时，也分成待选后备、可售种猪、肥猪、病弱猪四个群体，每个群体最大限度地公、母分开，群体内按体重再分栏，每栏装猪密度应不低于 0.75 m²/ 头。待选后备要放在每组猪的前 5 个栏内。病弱猪要放在距离出风口最近的栏内。每组猪转入时要留出 2 个栏位，作为病弱猪备用栏，以备以后饲养过程中进一步分栏调整。饲养过程中，每日观察猪群时，如出现病猪或弱猪，则及时调到病猪或弱猪备用栏内，进行治疗或特殊护理。

四、断奶母猪的分栏

断奶母猪下床后，要在运动场内适应非限位环境半天时间，当天赶回空怀舍分栏饲养，如果是小群饲养，就以大小、强弱分群，避免同栏内猪强弱差距过大，每头猪栏位面积应不低于 2.5 m²。

第十五节　猪群饲喂操作

一、哺乳仔猪补料操作

（1）补料槽的要求：鲜亮的颜色，槽的沿高 8 cm，补料槽设置在仔猪活动区，位置放在母猪中前部，与排便区保持一定距离，以减少粪便污染，容易被发现，固定好，容易清洗。哺乳仔猪 7 日龄开始补料，补料开始的前 3 d 应该进行人工诱料，将开口料加入适当的水，调成糊状，涂抹于仔猪口唇处，让仔猪适应开口料，以便更好地采食，添加液体饲料需 1 h 换一次饲料。如果开口料是粉料，可以将少量开口料撒在仔猪保温板上，让哺乳仔猪拱食逐渐认料，颗粒要添加到仔猪补料槽内。

（2）补料要做到少喂勤添，仔猪补料槽要随时观察随时清理，确保饲料新鲜、卫生。

（3）母猪断奶下床后，如果仔猪原地继续饲养，仔猪料也可以添加到母猪料槽内。如果有不食干料的仔猪，可以将开口料用水调成糊状，进行补饲，随采食量的增加逐渐过渡到干料。仔猪适应了开口料后，需要夜班人员在夜里添料 1 ～ 2 次（表 1-16）。

（4）一般哺乳期平均每头仔猪采食教槽料 200 g 以上。

（5）腹泻需补充电解质，使用料槽加注电解质时，每 2 h 换一次。少量勤添。

二、育仔猪的饲喂

（1）育仔猪保育阶段共饲喂乳猪料、保育前期料、保育后期料三种饲料，实行自由采食（断奶前 3 d 的仔猪除外）。刚转入的断奶仔猪，当日采食量一般在 90 g，所以，转入当天以头均 90 g 饲喂乳猪料，根据第 2 天各料槽饲料消耗情况，适当增减给料量至 100 g。从转入到 37 日龄完成开口料到保育前期料的过渡。38 日龄开始饲喂保育前期料，57～58 日龄完成保育后期料的过渡，从 59 日龄到下床转出饲喂保育后期料。

（2）夏季，要注意检查料槽内的卫生，及时清理排入料槽内的粪便，避免污染更多饲料。每天要净槽一次，时间控制在 1 h 左右，以避免料槽底部长期存有剩料，发霉变质，影响猪群健康。

（3）根据各栏猪的采食量变化和料槽下料速度，调整料槽下料口的宽度，以控制料槽下料量，避免饲料的浪费。在料斗底部摊开饲料使其均匀；4 周龄断奶的仔猪与 3 周断奶的仔猪相比，其断后第 2 天、第 3 天的采食量变化更大；每次饲喂饲料时，都要检查饮水，保持饮水清洁。

断奶仔猪饲喂程序见表 1-16。

表 1-16　断奶仔猪饲喂程序

断奶后天数	时间 / 饲喂	体重低于 5 kg 断奶仔猪
第 1 天	上午 10：00 断奶。空腹 2 h	每头仔猪全天饲喂 60～70 g，但一定不要超过每 10 头仔猪 0.7 kg 的饲料
	中午 12：00 放置厚 6 mm 饲料	
	下午 2：00 检查。如果吃完了，再加等量饲料	
	下午 4：00 检查。如吃完了，再加等量饲料	
	下午 6：00 检查。如吃完了，再加等量饲料	
	临睡前检查并清理料槽，放置厚 12 mm 的饲料，整夜照明	
第 2 天	上午 8：00 检查并清理料槽，添加厚 12 mm 饲料	每头仔猪全天饲喂 70～90 g，但一定不要超过每 10 头仔猪 0.9 kg 的饲料
	上午 11：00 检查。如吃完，加厚 12 mm 饲料	
	下午 3：00 检查。跟 11：00 一样操作	
	下午 7：00 往料斗中添加足够一晚上吃的饲料（前提是没有腹泻）。让照明常开着	
第 3 天	检查和确认。检查饲料被吃的情况，有无腹泻发生。如发生腹泻，说明添加饲料太多了或饲料不易消化。如果饲喂情况良好，没有出现问题，那么能吃多少喂多少	每头仔猪全天饲喂 100～120 g，但一定不要超过每 10 头仔猪 1.2 kg 的饲料
第 4 天	自由采食	自由采食
第 4 天后	自由采食	自由采食

（4）在断奶后的前 3 d，保育猪舍要 24 h 开灯，这将促使仔猪更早地开始采食。舍温控制在 26～28℃。第二周降到 25℃。注意检查地面温度、仔猪旁边的温度和气流。

每天至少 2 次仔细检查每头仔猪的采食和健康状况。注意观察那些腹部干瘪（空）、背部狭窄并毛长的猪，说明它们采食少，生长的不好且较怕冷。检查时，先检查群体，再检查个体。

三、育肥猪的饲喂

（1）育肥猪从转入到出栏期间共饲喂保育后期料、生长猪料、育肥料三种饲料，实行自由采食。保育下床猪转入育肥舍当天以头均 1.1～1.3 kg 饲喂保育后期料，根据第 2 天各料槽饲料消耗情况，适当增减给料量。从转入到 83 日龄前完成保育后期料到生长猪料的过渡。84 日龄开始饲喂生长猪料，123～124 日龄完成生长猪料到育肥料的过渡，从 125 日龄到出栏饲喂育肥猪料。

（2）夏季，每天要净槽一次，时间控制在 1 h 左右，以避免料槽底部长期存有剩料，发霉变质，影响猪群健康。每天要注意检查料槽内的卫生，及时清理排入料槽内的粪便，避免污染更多饲料。

（3）根据各栏猪的采食量变化和料槽下料速度，调整料槽下料口的宽度和长度，以控制料槽下料量，避免饲料的浪费。

四、保育仔猪至生长育肥猪料槽正确的下料量

料槽正确的下料量标准是：始终保持料槽底部供采食处，有薄薄的一层饲料（图 1-20）。

五、后备猪的饲喂

候选后备猪 65 kg 后应该饲喂后备猪饲料。选育测定结束，确定选留后（体重 100 kg 左右），后备猪转入后备舍，母猪小群饲养，公猪单栏饲养，继续饲喂后备料。日喂 2 次，头日饲喂量为 2.3～2.6 kg。母猪在 180～195 日龄间第二或第三个情期参加配种前 2 周转入空怀舍，与待配猪一起饲喂 4.0～4.5 kg/d 的哺乳料进行短期优饲。

料槽太空，仔猪无法吃到足够的饲料

下料量合适，仔猪可以获得足够的饲料

六、空怀猪的饲喂

断奶下床、流产、空胎、返情母猪转入空怀舍后，妊娠饲料 2.5 kg/d，体况较差可增加给料量（表 1-17）；配种前一周进行短期优饲，饲喂哺乳母猪料 4.5～5.6 kg/（头·d）。长期不发情或其他膘情较好的猪，要调到单栏，单独控制给料量。

下料量太多，饲料浪费，容易引起饲料变质

图 1-20　料槽正确的下料量

七、妊娠母猪的饲喂

（1）断奶母猪，从断奶当日至配种当日短期优饲，饲喂哺乳母猪饲料 5.6 kg/（头·d）。

（2）经产母猪配种后第 1 d 至配种后 30 d 以内，中等体况母猪饲喂 3.0 kg/（头·d），饲喂妊娠母猪料，日喂 2 次。

（3）青年母猪（0 胎）配种后 1 d 至配种后 30 d，中等体况，饲喂 2.0 kg/（头·d），饲喂妊娠母猪料，日喂 2 次。

（4）经产母猪妊娠 31 ～ 89 d，中等体况，饲喂妊娠母猪料 2.5 kg/（头·d），体况较肥或较差母猪根据实际进行增减，日喂 2 次。

（5）青年母猪（0 胎）妊娠 31 ～ 65 d，中等体况，饲喂妊娠母猪料 2.2 kg/（头·d），体况较肥或较差母猪根据实际进行增减，日喂 2 次。

（6）青年母猪（0 胎）妊娠 66 ～ 89 d，中等体况，饲喂妊娠母猪料 2.2 kg/（头·d），体况较肥或较差母猪根据实际进行增减，日喂 2 次。

（7）经产母猪妊娠 90 ～ 110 d，不论体况肥 / 中饲喂 3.4 ～ 3.5 kg/（头·d），对于体况较差母猪饲喂 3.5 kg/（头·d），日喂 2 次。

（8）青年（0 胎）妊娠 90 ～ 110 d，不论体况，一律饲喂 3.3 kg/（头·d），日喂 2 次。

（9）不同阶段，要根据不同的饲喂量，配备相应大小的给料工具，以确保饲喂量的准确，同时要挂不同颜色牌以示区别（表 1–18 和表 1–19）。

八、哺乳母猪的饲喂

（1）哺乳母猪饲喂哺乳料，怀孕 110 ～ 112 d，饲喂 3.3 kg/（头·d）；怀孕 113 d，饲喂 3.0 kg/（头·d）；怀孕 114 ～ 115 d，饲喂 2.5 kg/（头·d）；分娩当天可以不喂料，从第 2 天开始根据母猪食欲逐渐增加喂料量，至分娩后第 10 d，饲喂量增加到能吃多少给多少，直至断奶下床。

（2）在日常饲喂过程中，要细致观察母猪食欲变化、疾病、带仔多少，及时调整给料量，如有剩料，要及时清理，保持料槽干净，杜绝料槽内积存剩料，避免造成发霉和进一步污染。

（3）为提高母猪哺乳期采食量，在搞好卫生的前提下，可以增加饲喂次数和饲喂潮拌料。

九、种公猪的饲喂

种公猪饲喂公猪料，根据日龄、体况、运动量不同，饲喂量控制在 2.3 ～ 2.8 kg/（头·d）。

每群猪的具体饲喂量（表 1–20），以"统一饲喂程序"为准。

十、各阶段猪只饲喂程序（表 1–17 至表 1–22）

表 1-17 青年母猪（0 胎）配种前及妊娠期间饲喂程序

母猪阶段	测定背膘时间 / 饲喂阶段	对应背膘厚度 及日饲喂量	体况情况			
			过肥	适中	偏瘦	过瘦
配种前 –7 ～ 0 d	配种前 7 d	对应背膘厚度 /mm	＞ 18	16 ～ 18	＜ 16	
	配种前 –7 ～ 0 d	日饲喂量 /kg	4	4.5	5	
配种后 0 ～ 30 d	断奶时	对应背膘厚度 /mm	＞ 18	15 ～ 18	＜ 15	
	配种后 0 ～ 30 d	日饲喂量 /kg	1.8	2	2.2	
妊娠 31 ～ 65 d	配种后 30 d	对应背膘厚度 /mm	＞ 18	15 ～ 18	13 ～ 14.9	＜ 13
	妊娠 31 ～ 65 d	日饲喂量 /kg	1.8	2.2	2.4	2.6
妊娠 66 ～ 89 d	配种后 65 d	对应背膘厚度 /mm	＞ 18	16 ～ 18	14 ～ 15.9	＜ 14
	妊娠 66 ～ 89 d	日饲喂量 /kg	2.1	2.2	2.4	2.8
妊娠 90 ～ 110 d	配种后 65 d	对应背膘厚度 /mm	≥ 16		＜ 16	
	妊娠 90 ～ 110 d	日饲喂量 /kg	3.3			
猪栏前应悬挂对应颜色牌			绿色牌	蓝色牌	红色牌 1	红色牌 2

注：饲喂妊娠母猪料，饲喂量的调整以最近一次测定背膘厚度为依据判定体况。日饲喂次数 1 ～ 2 次。

表 1-18 经产母猪配种前及妊娠期间饲喂程序

母猪阶段	测定背膘时间 / 饲喂阶段	对应背膘厚度 及日饲喂量	体况情况			
			过肥	适中	偏瘦	过瘦
配种前 –7 ～ 0 d	断奶时	对应背膘厚度 /mm	＞ 18	15 ～ 18	＜ 15	
	配种前 –7 ～ 0 d	日饲喂量 /kg	4.5	5.6	自由采食	
配种后 0 ～ 30 d	断奶时	对应背膘厚度 /mm	＞ 18	15 ～ 18	13 ～ 14.9	＜ 13
	配种后 0 ～ 30 d	日饲喂量 /kg	2.5	3	3.5	4
妊娠 31 ～ 65 d	配种后 30 d	对应背膘厚度 /mm	＞ 18	15 ～ 18	13 ～ 14.9	＜ 13
	妊娠 31 ～ 65 d	日饲喂量 /kg	2	2.5	3	4.2
妊娠 66 ～ 89 d	配种后 65 d	对应背膘厚度 /mm	＞ 18	16 ～ 18	14 ～ 15.9	＜ 14
	妊娠 66 ～ 89 d	日饲喂量 /kg	2	2.5	2.8	3.5
妊娠 90 ～ 110 d	配种后 65 d	对应背膘厚度 /mm	≥ 16		＜ 16	
	妊娠 91 ～ 110 d	日饲喂量 /kg	3.4 ～ 3.5		3.5	
猪栏前应悬挂对应颜色牌			绿色牌	蓝色牌	红色牌 1	红色牌 2

注：饲喂妊娠母猪料，饲喂量的调整以最近一次测定背膘厚度为依据判定体况。日饲喂次数 1 ～ 2 次。

表 1-19　空怀母猪饲喂程序

kg/d

过肥	适中	过瘦
2	2.5	自由采食

注：饲喂妊娠母猪料。

表 1-20　种公猪饲喂程序

kg/d

体况	供给饲料类型	过肥	适中	过瘦	日饲喂次数
日饲喂量	公猪饲料	2	2.5	3.5	1～2 次

表 1-21　哺乳期母猪饲喂程序

日　期	每天饲喂量 /kg
妊娠 110～112 d	3.3
妊娠 113 d	3.0
妊娠 114～115 d	2.5
分娩当天（0 d）	不饲喂，或少许
分娩后第 1 天	2.5
分娩后第 2 天	3.0
分娩后第 3 天	3.5
分娩后第 4 天	4.0
分娩后第 5 天	4.5
分娩后第 6 天	5.0
分娩后第 7 天	5.5
分娩后第 8 天	6.0
分娩后第 9 天	6.5
分娩后第 10 天	7.0
分娩后第 10 天至断奶	自由采食

注：饲喂哺乳母猪料，分娩 10 d 后基本可以自由采食。每天饲喂次数 2～4 次。

表 1-22　仔猪及生长育肥猪饲养阶段的划分及饲喂程序

饲养阶段	饲养阶段细分	使用饲料名称	饲喂形式	饲喂体重阶段 / kg	饲喂阶段日龄	日耗料	估计日增重 /g	料肉比
哺乳仔猪	哺乳仔猪	教槽料	少喂勤添	3.5～4	7～10	20 g/（头·d）		
			少喂勤添	3～5	11～15	50 g/（头·d）		
			少喂勤添	4～6	16～20	80 g/（头·d）		
			少喂勤添	6～8	21～25	100 g/（头·d）		

续表 1-22

饲养阶段	饲养阶段细分	使用饲料名称	饲喂形式	饲喂体重阶段 / kg	饲喂阶段日龄	日耗料	估计日增重 /g	料肉比
保育仔猪	断奶第1天	教槽料	少喂勤添	6～8	21 或 26 日龄	90 g/（头·d）		
	断奶第2天	教槽料	少喂勤添	6～8	22 或 27 日龄	100 g/（头·d）		
	断奶第3天	教槽料	少喂勤添	6～8	23 或 28 日龄	120 g/（头·d）		
	断奶第4天至35日龄	教槽料	自由采食	～9.5	～35	300 g/（头·d）	280	
	36～37日龄	教槽料＋保育前期料	自由采食	～10.0	36～37	350 g/（头·d）	300	
保育期	保育前期	保育前期料	自由采食	10～17（体重达17 kg 换料503）	38～56	600 g/（头·d）	350～450	1.2～1.5
		保育前期料	自由采食换料过渡	17～18	57～58	700 g/（头·d）	400～450	1.4～1.5
	保育后期	保育后期料	自由采食	18～25	59～70	950 g/（头·d）	550～650	1.5～1.8
育成猪阶段	刚转入	保育后期料	自由采食	25～29（体重达29 kg 换料504）	71～80	1.1～1.3 kg/（头·d）	600～650	1.8～1.9
	生长猪	保育后期料＋生长猪料	自由采食换料过渡	29～30	81～82	1.3～1.6 kg/（头·d）	650～680	1.8～2.0
		生长猪料	自由采食	30～60（体重60 kg 换料505）	83～125	1.6～2.2 kg/（头·d）	700～950	2.1～2.4
育肥阶段	育肥猪	育肥猪料	自由采食,95 kg后日头采食量应控制在3 kg 以内	61～105	126 至出栏	2.0～2.6 kg/（头·d）	700～1200	2.3～2.7

十一、母猪体况评分办法及饲喂量控制

除了哺乳母猪外其他母猪的体况皆需得到有效的控制，非哺乳期母猪饲喂采取限制性饲喂方式，每日饲喂量以"种猪阶段饲喂程序表"为基础，根据阶段体况评分情况加以调整具体的个体饲喂量。

1. 种猪阶段调整饲喂量指导表

母猪正常体况下（体况评分为 3 分）饲喂量按"种猪阶段饲喂程序表"进行饲喂供料，不必悬挂饲喂标识牌；体况偏肥、偏瘦及处于产前 4 周内的母猪按照表 1-23"种猪阶段调整饲喂量指导表"供给饲料，同时在母猪头上方悬挂具有颜色特征明显标志的饲喂标识牌，一旦母猪恢复到正常体况应按"种猪阶段饲喂程序表"进行饲喂供给饲料。

表 1-23　种猪阶段调整饲喂量指导表

悬挂饲喂标识牌颜色	体况情况	背膘厚度 /mm	日饲喂量 /kg
不悬挂标识牌	适宜	15 ～ 21（含）	按"程序"饲喂
黄色	偏瘦	< 15	2.8 ～ 3.5 经产 2.4 ～ 2.8 青年
红色	偏肥	> 21	1.8 ～ 2.2
蓝色	产前 4 周内		3.3 ～ 3.4

2. 种猪体况评分办法

主要以 A 超仪或 B 超仪测定的背膘厚度为依据结合现场主观评分来评价体况（表 1-24）。

（1）体况评分时间点

母猪在一个繁殖周期内共进行 4 次体况评分，时间点分别为：断奶时、妊娠 30 d、妊娠 60 d、转入产房后时（妊娠 110 ～ 112 d）；后备母猪在配种前 3 d 应测定背膘厚度（表 1-25）。

（2）体况评分操作办法

①背膘测定部位：母猪背部，最后一根肋骨距离背中线 6.5 cm 处（P2 点）（图 1-21）。

②使用 A 超仪需测量两点，即距离背中线左、右各一点，直接读数即可。

③使用 B 超仪测量一点即可，测量操作办法同"种猪性能测定背膘测量方法"。

④及时填写测量背膘的数据，同时录入计算机中，辅助现场主观评分情况调整个体饲喂量，并悬挂饲喂量标识牌。

表 1-24　各生产周期母猪背膘期望值

生产周期	期望背膘厚度 /mm
后备猪（7.5 月龄时）	16 ～ 18
妊娠 70 d	16 ～ 18
妊娠 107 d	18 ～ 20

表 1-25　母猪背膘测定记录

mm

母猪个体号	断奶时（含后备配种前）			妊娠 30 d			妊娠 60 d			妊娠 110 d		
	日期	背膘	评分	日期	背膘	评分	日期	背膘	评分	日期	背膘	评分

注：本表数据必须及时填写和录入计算机系统中。

图 1-21　背膘测定位置图

第十六节　饲料过渡操作

（1）群体饲养阶段发生变化时，就要更换饲料，饲料的更换要逐渐过渡，避免突然更换造成应激。从前一阶段饲料过渡到后一阶段饲料，可以按表 1-26 过渡。

表 1-26　饲料过渡操作

项目	前一阶段饲料（所占日饲喂量的比例）	后一阶段饲料（所占日饲喂量的比例）
第 1 天	70%	30%
第 2 天	50%	50%
第 3 天	30%	70%
第 4 天	0	100%

（2）两种饲料的混合，可以人工用铁锹按以上比例混合，搅拌 2 次即可。

（3）猪群生长生理阶段发生变化时，饲料必须严格按照饲喂程序过渡到对应的料号，才能最大限度地发挥猪群的生产性能与食品安全。

第十七节 猪群的生产管理

一、养猪生产工艺

1. 工艺流程

养猪生产的环节包括后备猪入群、母猪配种、母猪妊娠、母猪分娩、仔猪哺乳、仔猪保育和生长育肥等环节。

按照这一过程将猪群分为后备猪群、公猪群、基础母猪群、哺乳仔猪群、保育猪群和生长育肥群。

按繁殖过程安排工艺流程整个生产的工艺流程如图 1-22 所示,生产有计划、有节奏地进行。

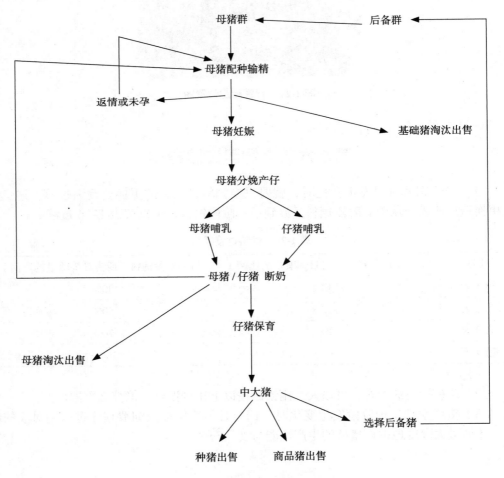

图 1-22 养猪生产工艺流程图

2. 工艺参数（表 1-27 至表 1-29）

繁殖周期（理论）=妊娠期＋哺乳期＋断奶至受胎间隔天数 =115+21+7=143

实际上，断奶至母猪配种受胎间隔天数一般为 5 ～ 10 d，分娩率影响实际的繁殖周期。

繁殖周期 =（115+21+7+21）÷分娩率

母猪年产窝数 =365÷繁殖周期

母猪周生产节律如表 1-27 所示，猪场工艺参数见表 1-28。

表 1-27　600 头基础母猪周生产节律计算

母猪生产周期 （天）产窝数	妊娠时间 /d	哺乳时间 /d	断奶 - 配种间隔 /d	周期 /d
	115	28 或 21	7	150 或 143
年产窝数（理论）	365÷（150 或 143）=（2.43 或 2.55）			
年实际产窝数	配种分娩率80%：（1.94、2.05） 　　　　　85%：（2.06、2.16） 　　　　　90%：（2.18、2.29） 　　　　　95%：（2.3、2.42）			
全年应产窝数	600×（2.1 或 2.2）=（1 260 或 1 320）			
每周妊娠数 / 头	（1 260、1 320）÷52=（24、25）			
每周配种数 / 头	（24、25）÷0.85=（28、29）			
总产活仔数 / 头	1 260×10=12 600 1 320×10=13 200			
年断奶数 / 头	12 600×0.94=11 844 或 13 200×0.94=12 400			
周断奶仔猪数 / 头	11 844÷52=228 或 12 400÷52=238			
PSY	11 844×600=19.74 或 12 400÷600=20.6			
周出栏猪数 / 头	228×097×0.98=216 或 238×097×0.98=226			
年出栏育肥数 / 头	216×52=11 232 或 226×52=11 752			

表 1-28　猪场工艺参数表

项　目	参　数	项　目	参　数
妊娠期 /d	115	每头母猪年出栏商品猪数 / 头	18 ～ 22
哺乳期 /d	21 或 28	母猪年更新率 /%	40 ～ 45
保育期 /d	42 ～ 49		或 33
断奶至受胎 /d	5 ～ 7	公猪年更新率 /%	100
繁殖周期 /d	159 ～ 165		
母猪年产胎次	2.1 ～ 2.2	母猪情期受胎率 /%	90 ～ 95
总产仔数 / 头	11		
产活仔数 / 头	10		

续表 1-28

项　目	参　数	项　目	参　数
成活率 /%	89		
哺乳仔猪	94	母猪分娩率 /%	87
断奶仔猪	97		
生长育肥猪	98		
达 100 kg 体重日龄	155	断奶母猪 7 d 内发情比例 / %	90
初生重	1.45		
21 日龄断奶重 /kg	6.2	母猪临产前进产房时间 /d	3 ～ 5
26 日龄断奶重 /kg	7.5		
70 日龄保育下床重 /kg	25 ～ 28		

表 1-29　生产所需单元及栏位数量（600 头母猪）

每周分娩窝数：24	每周批次产仔数：24×10=240	断奶成活率：94% 保育成活率：97%	育成育肥成活率：98%
哺 乳 天 数：21 d（3周）	保育天数：49 d（7周）	育成育肥周数：13 周 母猪年更新率：40%	配种分娩率：85% 受胎率：90%
妊娠限位栏数量	空怀栏母猪数 / 头	后备母猪数 / 头	分娩栏 / 个
=（600÷20）×16 =480 一个单元	=（600÷20）×（1-90%） ×6=18 头 同妊娠为一个单元	=（600×40%×1.2） ÷52×9=50 同妊娠为一个单元	=（600÷20）×85%× （3+1+1） =128（分 5 个单元）
保育猪数量 / 头	育成育肥猪数量 / 头	> 55 kg 候选后备母猪数 / 头	160 ～ 187 日龄后备母猪存栏数 / 头
每批次头数 =24×10×94%=225； 共 7+1 个单元； 存栏仔猪 225×7=1575 头	每批次头数 =225×97%=218； 共存栏 13 个批次猪； 共存栏数 =218×13=2834 头， 分 13+1 个单元	每批次至少需候选后备 猪数 =600×40%× 1.2×3÷52=17 头； 候选后备存栏数 =17×6 =102 头	每批次存栏数 =600×40%×1.2÷52 =5.5 头； 共存栏后备猪 =5.5×4 =22 头

二、猪群的管理关注点

1. 配种妊娠母猪的管理

目的：通过实时准确的试情输精及科学的饲养管理手段，使母猪保持良好健康体况的前提下最大化地提供合格的初产仔猪，并充分发挥母猪的泌乳性能。

（1）必须严格地按照养猪育种中心饲喂程序饲喂母猪。

（2）要始终如一的关注母猪体况问题，母猪体况较差的潜在危害如下。

胖母猪：产程长、死胎多、食欲差。由于其乳房发育差，泌乳量低 20% 左右。

瘦母猪：断奶后发情延迟，排除的卵子质量差，下一胎窝产仔数少，容易返情（第一胎母猪尤甚）。要确保瘦母猪的采食量要够。头胎母猪最多哺乳仔猪 11 ～ 12 头，当母猪明显开始消瘦时，可以采取 21 日龄断奶，断奶后过一个情期再配。

（3）母猪拒食及采食量低的原因有：环境温度高（＞22℃）；体况太肥（妊娠期饲喂太多）；分娩后饲喂量增加太快；饮水不足（水流量小或管道阻塞、停水）；疾病 / 发烧；料槽中饲料放置时间太长 / 发霉；饲料味道太差（原材料）。

（4）妊娠阶段饲喂的原则问题如下。

妊娠早期，以恢复母猪体况优先；妊娠后期，以确保胎儿生长和母猪在哺乳期采食量优先。

但在妊娠最后 40 d，有些母猪因太胖，乳头会保留水分（水肿），可以在分娩前 2 周稍微降低一些饲喂量会缓解此问题。

母猪信号：母猪腹部朝地卧着，腿藏在身体下。这种情况的原因包括没有饱腹感、便秘、应激、贼风、疾病及太冷等。

母猪口吐白沫或是假咀嚼，原因可能是饱腹感、等待进食的时间长、环境问题、躺卧区面积小、地位低下。

（5）理想的配种舍十要素如下：

①工作路线要短，要确保公猪工作的时候，能将公猪赶到下一组母猪前。安全起见，驱赶公猪时，工作人员和公猪之间有一个障碍物。

②确保合适的舍温（21℃），空气流动的方向绝对不可以从清粪过道向饲喂道流动。

③公猪饲养地应远离配种舍。

④喂料过道一侧应安装自动关闭的门，便于公猪发情检查。

⑤母猪头顶上提供 200 lx 的光照，16 h/d，定期擦拭灯泡。

⑥查情时，公猪能接触到母猪。

⑦粪污过道宽度要大于 1.8 m。有可移动式拍子，以便容易接触母猪。

⑧授精用具放置在推车上，让所有的授精工具触手可得。

⑨输精时，输精瓶有利于悬挂。

⑩每天清走母猪后部的粪便，以免感染母猪外阴。

（6）返情 / 初生重 / 窝产仔猪数离散度的控制目标如表 1-30 至表 1-32 所示。

表 1-30　返情问题控制目标

返情状况	目　标	干预水平
正常返情（21±3）d	＜10%	≥15%
非正常返情	＜3%	≥6%

表 1-31　初生重控制目标

项　目	目　标	干预水平
整体目标	个体出生重均匀	均匀度差
个体重≤1.0 kg 的比例	＜10%	＞15%
1.3～1.5 kg 的个体比例	占 50% 以上（含）	＜50%

表 1-32　窝产仔猪数的离散度控制目标

项目	目标	干预水平
窝产活仔数 ≤ 8.0 头所占比例	< 10%	> 15%

窝产仔猪数的离散度能够暗示存在与排卵/着床或公猪精液质量以及繁殖类疾病问题。

（7）返情检查和妊娠检查

配种输精后 18 d 开始用公猪检查母猪是否返情。随后，第 21 天和第 35 天进行 B 超妊娠检查。

妊娠 35 d 前保持平和、安静是必不可少的，因为此前胚胎对子宫环境变化非常敏感。妊娠 12 ～ 18 d，胚胎发出雌激素信号，所以黄体完整保留，妊娠继续。骨骼的形成始于妊娠第 30 d。

（8）返情问题

少于 18 d 的返情从生理学角度讲是不可能的，有可能是配种员输精时间太晚，18 ～ 24 d 返情一般责任在配种员。此外，妊娠早期会有胚胎死亡，也会带来返情。

对于，36 ～ 48 d 以及 56 ～ 68 d 返情（即断奶后第二个情期及第三个情期），一般是 21 天返情时没有被工作人员察觉及妊娠检查有误造成的；25 ～ 36 d，非规律性返情，原因常常是胚胎死亡。在此期间如未被发现，再过 21 d 母猪会再返情，即 49 ～ 56 d 返情。

（9）返情及产仔数少的原因

排卵少或质量低（营养不良）；受精不好，配种员或公猪问题；胚胎死亡，疼痛、瘸、转猪应激、打斗、疥螨、环境问题；胎儿死亡（妊娠 35 d 后），子宫内空间不足（胎儿太多）或疾病。

疾病会通过以下两种途径杀死胚胎：病毒损害了胚胎、胎膜或子宫，引起胚胎死在子宫中（如细小病毒、蓝耳病）；发烧引起前列腺素的大量释放，前列腺素会引起流产（如丹毒、流感、肠道病毒、猪瘟等）。因此，母猪发烧一定要立即退烧。

（10）减少热应激的发生

进入夏末秋初母猪会出现繁殖力下降现象。后备母猪发情变慢，返情及流产增多。多是因为夏季高温应激所致。

措施：高温季节降低舍内温度，开启湿帘、风扇及滴水设施；从 7 月底开始，将光照增加至 16 h/d。进入秋季确保待配舍、配种舍晚上温度不低于 18℃。避免出现贼风。夏季，不要在一天中最热的时候喂猪；提供平和、安静的环境；高温时，不搞预防接种；每天检查配种舍、待配舍及妊娠舍的温度和风速，特别是死角处的温度和风速；检查温度变化（最低—最高温度计）。

（11）母猪死亡率问题

母猪每年死亡率为 2% ～ 4%。母猪死亡最重要的原因有：应激（包括热应激）引起的心脏骤停，胃、脾或肠扭转，膀胱和肾失调，子宫内膜炎和瘫痪。

胃溃疡经常发生，没有明显症状。失血会导致母猪苍白甚至死亡。

胃、脾或肠扭转，兴奋的母猪吃及喝得太快，饲喂得太少，或是忘记了喂料，有时见于周末发生。

　　泌尿系统问题，饮水不足，饲料／水质差，在分娩、输精、躺卧时通过粪便感染了细菌。

　　（12）提高猪场管理水平的建议表（表1-33）

表1-33　配种妊娠舍提高管理水平建议表

建议措施	目　的
对母猪及后备母猪进行严格地挑选（如：＞14对乳头、脐带前4对）	提高母猪群性能
配种授精前7～10 d催情优饲	增加排卵数，提高卵子质量
哺乳期最后一周，每天光照至少14 h	缩短断奶至发情间隔
后备母猪适当晚些配种：260日龄，16 mm	更长的使用寿命
始终在同一时刻断奶	一致化的发情检查
确保良好的催情、发情检查、估算授精时间、授精	高效、高产地授精
出现繁殖问题，首先检查工作操作	快速找出原因，80%问题出在授精管理上
记录每头猪发情开始和结束时间及授精时间	持续监控授精时间

　　2. 哺乳母猪的管理

　　目的：通过科学的饲养管理手段，使初生仔猪采食到足够的初乳，发挥母猪泌乳潜能，使提高断奶仔猪数量和个体断奶重量，保持合理的母猪健康体况，从而保证母猪断奶后发情。

　　（1）分娩舍清洁干燥的重要性

　　每批断奶后，要彻底清洁和消毒分娩舍。扫去粪便、饲料、垫料等杂物，在水中加入表面活性剂（发泡剂）浸泡猪舍的猪栏、地面、墙面、猪槽等地方2 h，然后清洗干净，让分娩舍彻底干净干燥。如果残存着有机物，消毒剂无法发挥作用。永远也不要指望通过过量使用消毒剂来弥补清扫清洗不干净的问题。对内部消毒，然后让一切物品干燥。彻底干燥是可以杀死许多病毒的。最后，检查饮水器的水流量（＞2.5L/ min）。

　　（2）母猪在哺乳期间发生发情情况

　　有个别母猪在分娩舍发情，有时在分娩后5 d就能够发现发情行为。这是分娩时释放雌性激素所致，并不排卵，因此也不会受孕，且对以后的繁殖没有影响。母猪也会出现分娩14 d后发情情况（哺乳期发情），主要因素有：体况太好，饲喂量增加太快，逐步断奶，与公猪接触／急性应激等因素刺激了卵泡发育，造成哺乳期发情。这时，发情常常不会受孕。这些母猪21 d后会再次发情，而不是在断奶后7 d内。

　　（3）哺乳母猪采取腹卧姿势的信号

　　母猪腹卧，不让仔猪吃奶，因为其乳头敏感、疼痛。腹卧、不吃、仔猪烦躁不安、母猪便秘都是泌乳量不足的标识。如果母猪出现泌乳量降低、便秘，应马上抗生素治疗。

　　（4）断奶前一周母猪管理

　　断奶母猪当天正常饲喂和饮水（不必限料），断奶前1周至断奶期间，应给予母猪

14 h 每天的光照。

（5）断奶母猪快速进入发情状态的措施

①分娩舍与配种舍温差小。

②断奶当天开始，公猪每天出现在母猪前诱情。

③充足的光照（16 h 200 lx）。

④适宜的体况，否则可能出现二胎产仔数减少的情况。

⑤临近断奶正常饲喂母猪不减料，断奶后母猪要优饲哺乳母猪料（至少 4.6 kg/d，体况差的自由采食）。

（6）主动淘汰母猪的标准

①断奶后 30 d 不发情，5 胎以上的母猪断奶后 10 d 内不发情。

②后备母猪或母猪连续返情 2 次。

③1 胎母猪不要根据产仔数进行选择。

④2～3 胎母猪，两窝均产活仔数＜ 8 头。

⑤4～6 胎母猪（母系），最近两胎均产活仔数＜ 10 头，或总平均活仔数＜ 9 头。

⑥7 胎以上的母猪，返情或者最近胎产活仔数＜ 10 头，淘汰。

⑦对于那些三条腿走路、无法站立、身上到处是脓肿或褥疮的母猪应立即淘汰。

（7）提高猪场管理水平建议表（表 1-34）。

表 1-34　分娩舍提高管理水平建议表

建议措施	目　的
从母猪后面清粪，分娩时后面放一个干净的、铺有锯末的垫子	防止仔猪产出后掉在粪上
分娩时在母猪后放一个保温灯	仔猪很快烤干，开始吃初乳
监视分娩，小心助产	避免死胎
产后前几天，喂母猪前先将仔猪移开	避免压死
关注初乳、泌乳和仔猪	预防疾病，减少死亡
第 1 天、第 3 天和 2 周时检查仔猪胃部充盈情况和身体均匀性	监控泌乳
检查乳头的柔软性和母猪粪便松软否	找出哺乳问题早期信号
测量不食母猪的体温，若发烧，注射抗生素	马上干预感染，避免泌乳量下降
分娩前后，舍温 24℃，分娩后调回 20℃	鼓励仔猪回保温箱，促进母猪泌乳
仔猪要有保温箱，母猪应在凉快的环境下	降低仔猪被压死风险
对母猪头部进行通风或使地面凉快	刺激母猪采食
喂新鲜饲料前，将上次剩余饲料掏出去	刺激母猪采食
检查母猪悬蹄情况，若较长则修剪	避免跛行

3. 仔猪的管理

目的：通过科学的饲养管理手段，使仔猪保持良好健康状态，较大的断奶体重，成功的仔猪断奶过渡，最大化的保育日增重。

（1）对仔猪的工作顺序

①观察从年幼猪到年长较大的猪顺序，尽可能不要进入猪栏内，而是站在走道上观察。

②从喂料通道一侧检查各组及各栏猪，不同组间有何差别。

③检查先群体后个体。

④检查饲料、饮水和环境。

⑤卷曲尾巴的猪说明该个体非常好。

⑥每天用不同颜色的记号笔，把笔绑在一根棍子上，有利于对猪画记号。

⑦如果某栏内有病猪，最后进入，必要的话进行治疗。

⑧记录发现的情况和治疗情况。

⑨清洗消毒雨靴，洗手。

（2）清洁、充足的饮水

洁净、充足的饮水。保证每个乳头饮水器供应不超过 10 头仔猪饮用，水流量不小于 0.5 L/ min，饮水器间距至少 1 m 以上。

（3）观察断奶仔猪注意的要点

①颜色鲜亮的料槽。

②新鲜可口的饲料。

③水和料分开。

④能够同时采食。

⑤同窝仔猪在一起。

⑥温度合适。

⑦没有贼风。

⑧无咳嗽或腹泻。

⑨鼓鼓囊囊的肚子。

（4）断奶仔猪饮水采食不佳的原因

①仔猪以前没有采食和饮水的经历。

②找不到水和饲料。

③太冷。

④打斗。

⑤饲料适口性差。

⑥很难达到采食和饮水的地方。

⑦光照时间短（断奶后的前 3 d 24 h 光照）。

⑧要快速发现那些不吃、不喝的仔猪。

（5）不吃、不喝仔猪的形态表现

①无精打采，精神不振。

②瘪瘪的肚子。

③毛发直立。

④聚成一堆。

⑤深陷的双眼。

（6）对不吃、不喝仔猪的措施

①在保育舍单独留出一栏。

②提供红外线灯或橡胶垫确保温暖。

③提供更多的采食空间。

④诱食，地垫上撒少许饲料。

（7）评估仔猪

断奶后 3 d 及保育中期必须对每批仔猪进行评估（表 1-35），有问题需采取措施。

表 1-35　仔猪评估表

评估项	好　的	差　的
行为	活跃，对环境感兴趣	呆滞、迟缓、无精打采
体况	正常到良好	瘦
肋／腹部充盈度	圆鼓鼓，向外凸出	凹陷
皮毛	皮红毛亮，均匀分布	苍白的皮肤，毛长直立
食欲	在料槽吃料	差，仔猪聚成一堆
水分平衡	正常（眼睛不深陷）	深陷的眼睛
躺卧姿势	侧躺	腹卧／趴着

注：错误的做法：清粪。

（8）减少断奶后仔猪的应激

①设定舍温度时要考虑到同批次里最小的猪。

②要临时夜间检查时，千万不要开灯，带上手电筒悄悄移动，检查猪休息的姿势和呼吸声。

③千万别以为保育舍内的实际温度和控制面板上的一样，要检查。

④逐步地降低舍温，到体重 11 kg 时降到 24℃。

⑤料槽的卫生至关重要。

⑥风速过快会引起仔猪应激，出现咬耳朵、咬尾巴现象。

避免断奶后问题：

一般 21 日龄断奶的猪断奶后 5 ～ 14 d 内的采食量大概是 3.25 ～ 7.5 kg。也就是说 1 t 过渡饲料能饲喂 200 头断奶仔猪。

（9）水分不足问题

6 ～ 7 kg 断奶仔猪容易出现体内水分不足问题，致使血液黏稠，仔猪开始缺乏肌肉能量，感到寒冷。在断奶后给仔猪提供电解质溶液（表 1-36）是一项日常工作。

表 1-36 自制电解质溶液的配方表

将下列物质加入 2 L 水中	加入量
纯葡萄糖	45g
氯化钠（食盐）	8.5g
柠檬酸	0.5g
甘氨酸	6.0g
柠檬酸钾	120mg
磷酸二氢钾	400mg

仔猪腹泻：对单元内所有仔猪提供电解质溶液，2 d。

断奶仔猪精神不佳：用量减半，连续用 7 d。少量勤添，1 h 更换一次电解质溶液。

（10）饲料方面的三类问题

①快变质的饲料，饲料过细，料槽中有粪便，干湿料槽下料量大。

②人为失误，饲料订的太晚，料槽下料太小，对采食量没有监控。

③饲料系统故障，保养不当，螺旋故障，电机故障，饲料结块。

上述三类问题均会引起仔猪更多的胃溃疡、链球菌及更多的打斗。

（11）仔猪常见猪病的问题（表 1-37 至表 1-39）

表 1-37 哺乳仔猪腹泻的原因

病原	传播途径	腹泻情况	腹泻物的 pH	实验室检测
大肠杆菌	摄入污染的粪便	稀薄水样、黄—黄绿	碱性	
梭菌	上一批母猪的粪便	各种颜色，有时带血或气泡	碱性	剖检
轮状病毒	摄入污染的粪便	水样、微黄、带黄色凝状物	酸性	剖检
冠状病毒	摄入污染的粪便或母乳	水样、喷射状、呕吐，死亡率高	碱性	小肠内容物
球虫	摄入环境中的虫卵	从 5 日龄开始，面糊状腹泻，黄白色	中性	10～18 日龄仔猪粪便

表 1-38 保育仔猪腹泻信号和诊断

粪便外观	症状	发病日龄	第一印象	最终诊断
粪便稀薄	反应迟钝，采食减少	任何日龄	饲料相关的腹泻	
水样粪便	不发烧，不进食，扎堆；有的耳朵、鼻子和腹部带蓝色；有时发生猪死亡	断奶后几天到两周（或饲料更换）	断奶后腹泻（大肠杆菌）	对未经治疗的猪进行剖检
热巧克力样稀粪便	发烧，39.5～40.5℃，急性死亡	任何日龄	猪痢疾	剖检
暗灰色到黑灰色稀粪便，有时带血	发烧，39.5～40.5℃，苍白，腹部下陷尤其在腰部	生长后期严重	回肠炎	剖检

续表 1-38

粪便外观	症　状	发病日龄	第一印象	最终诊断
非常稀的黄色粪便	反应迟钝，拒食，相互扎堆；发烧（40.5～41.5℃），突然死亡	任何日龄	沙门氏菌	剖检

注：眼窝下陷，表示严重脱水。

链球菌问题：

仔猪腿瘸，很多时候是因为链球菌感染所致。链球菌在断奶后还会引起仔猪脑膜炎。最好是保持环境卫生，最大限度减少创伤或受外伤。

表 1-39　控制链球菌检查表

措施检查	措施检查
分娩舍彻底清洗、消毒、干燥	临近分娩前，清扫母猪身后的粪便
坚持全进全出	控制好苍蝇
母猪进入分娩舍前洗澡、消毒	最大化初乳供应量（仔猪皮肤干燥、休息）
碘酊对脐带消毒，不要剪扯脐带	如果膝盖受伤，检查泌乳量＋地板质量
每窝猪使用一个针头及手术刀片	断尾时猪头朝下，烙铁愈合
避免应激	打耳缺器械消毒，对打了耳缺的耳朵采用喷壶消毒

（12）导致断奶后仔猪生长速度缓慢的因素（表 1-40）

表 1-40　导致断奶后仔猪生长缓慢的因素

导致生长缓慢的因素	断奶后生长发育受阻的天数 / d
饲养密度超过正常的 15%	2～3
没有教槽料	2
没有使用饲料过渡	3
劣质的颗粒料（太硬 / 太脏）	1
对断奶仔猪的混群技术不熟练	2
太冷（低于下限临界温度 3℃）	3
太热（高于蒸发临界温度 2℃）	2
水压过低	2
料槽空间不够	1～3
脏的料槽	2
喂料器下料设置不合理	2
存在霉菌毒素	2
劣质的地板	2

4.生长育肥猪的管理

目的：通过科学的饲养管理手段，使生长育肥猪保持良好健康状态，理想的生长速度，高效的饲料转化率及良好的生长发育均匀度。

（1）猪场内部生物安全

①不同批次间（组间）的猪不要混群。

②定期清洗、消毒工作服。

③工作路线，总是从幼龄猪开始，最大日龄猪结束；从净道到污道。

④控制其他动物，防鸟。

⑤灭鼠，老鼠不能出没在工作线路上。

⑥空舍（单元）要彻底清洗、消毒、干燥。

⑦注射器械经常高温消毒。

⑧单元内有专用的用具，单元间不能混用。

（2）转入猪准备工作

①猪舍经过彻底清洗、消毒和干燥。

②仔猪进入前，舍温调整至24℃。

③转进后前2 d，保持每天24 h光照。

④每个采食料位提供不超过12头猪；饮水器与料槽分开。

⑤料槽下料量，达到能覆盖料槽底部薄薄一层即可，如落料太多，浪费严重。

（3）饮水问题

①猪什么时间段喝水：一般在吃料前后饮水。不过取决于舍温。当温度低于26.5℃时，猪在早晨5：00开始喝水，之后饮水逐渐增加，直到下午的早些时候。夏天舍温高于26.5℃时，猪在上午8：00或9：00的时候喝水最多，下午5：00～8：00为第二个喝水高峰。

②猪什么时候喝水多：天气炎热；饲料中矿物质或蛋白含量高；饥饿时。

③猪什么时候喝水少：水中盐分含量高；水是热的。

④饮水方面的要求：饮水应清澈透明、新鲜、优质；检测水样，应从管线最末端取水，每年检测水质至少1次；要定期清洗水线，不能使用以氯为基础的消毒剂清洗管线；用白桶方法简单地看水质问题，在管线最末端，将上水阀关闭，将水放完，然后突然放水5次，在终端用白水桶接水，观察水的质量情况；严重的饮水不足会导致与某些疾病类似的神经症状，如：水肿病或链球菌脑膜炎。如果有神经症状，一定要检查饮水系统。

（4）猪的味觉

猪喜欢吃酸甜的食物（1-41）。不喜欢变质或腐败发霉的饲料。

表1-41 猪的味觉偏好表

感觉非常美味	感觉美味	感觉一般	感觉不好
啤酒	啤酒酵母	酒糟	小麦淀粉混合物
糕点	面包	蛋白质凝块	脂肪
玉米芯粉	大麦		酵母浓缩物

规模化猪场 现场管理及技术操作规范

续表 1-41

感觉非常美味	感觉美味	感觉一般	感觉不好
牛奶	乳清		玉米浆
水果（苹果）			
巧克力			
血			

　　如果出现某头猪尾巴出现咬伤，立即将其隔离出去。猪喜欢血的滋味，隔离不及时会造成一栏猪相互咬。

　　（5）生长速度和饲料转化率

　　生长育肥猪的生长速度和饲料转化率是影响养猪生产效益的关键因素之一。因此，要时刻关注育肥期的生长速度和饲料转化率的问题。

　　必须对生长育肥猪进行定期称重，以获得有关日增重方面的数据（表1-42），选择性的称重对猪场盈利的重要性远大于大多数人的认知。

表 1-42　仔猪至生长育肥阶段日增重情况对照表

周龄	日龄	体重 /kg		生长速度 /（g/d）		周增重 /kg		自 21 日龄累计生长速度 /（g/d）	
		理想体重	较差体重	理想的	较差的	理想的	较差的	理想的	较差的
3	21	6.8	5.5						
4	28	7.5	6.6	171	157	1.2	1.1	171	157
5	35	9.8	7.8	357	171	2.6	1.2	271	164
6	42	12.85	9.5	435	243	4.25	1.7	326	190
7	49	16.5	11.5	521	286	3.65	2.0	375	214
8	56	21.25	14.5	679	429	4.75	3.0	436	257
9	63	26.1	18.0	710	500	4.97	3.5	479	298
10	70	31.35	21.75	750	536	5.25	3.75	517	332
11	77	36.75	25.75	771	571	5.4	4.0	549	362
12	84	42.49	30.25	820	643	5.74	4.5	579	393
13	91	48.65	35.0	880	679	6.16	4.75	609	421
14	98	55.16	39.75	930	750	6.51	5.25	638	451
15	105	62.09	45.25	990	786	6.93	5.5	668	479
16	112	69.16	51.0	1 010	821	7.07	5.75	694	505
17	119	76.65	57.0	1 070	857	7.49	6.0	721	531
18	126	84.86	63.0	1 115	865	7.81	6.0	751	552
19	133	93.09	69.0	1 175	871	8.23	6.1	784	572

续表 1-42

周龄	日龄	体重 /kg		生长速度 / (g/d)		周增重 /kg		自 21 日龄累计生长速度 / (g/d)	
		理想体重	较差体重	理想的	较差的	理想的	较差的	理想的	较差的
20	140	101.49	75.2	1 200	886	8.4	6.2	828	591
21	142	110.59	81.4	1 300	893	9.10	6.25		608
22	154	120.34	87.65	1 400	893	9.8	6.25		623
23	161		93.9		893		6.25		636
24	168		100.15		893		6.25		648
25	175		106.4		893		6.25		659

①12～16周龄猪生长缓慢的原因：检查猪群饲养密度；评估猪采食是否方便容易，特别是在天气较热时饮水的便捷性；检查猪栏内是否肮脏及咬尾等情况；检查猪群的均匀度。若差异明显，最好对猪群重新分群；必须保证饲料的新鲜；检查霉菌和霉菌毒素方面的问题；环境的改变及应激。

要牢记：未及时找出猪生长缓慢的原因将导致巨大的经济损失。

②检查猪群生长速度缓慢应该考虑的主要因素：日粮营养不足或不平衡；猪群饲养环境太冷/太热；空气流通不足或存在通风死角；疾病、应激及免疫需求；环境、饲料、同伴、管理、饲养员、外界天气状况、猪栏清洁度等因素的改变；对体重、温度、猪舍内部环境变化、饲喂次数、饮水供应、断奶或保育下床转出时批次管理与分群不合理等问题。

③影响生长猪饲养密度的几个因素：猪栏形状，猪栏过窄或正方形都不合适。猪栏的长与宽的比例为（1.5～2）：1比较合适。猪栏长宽比例过大，栏内会经常又湿又脏，并且出现咬尾情况；温度，在天气较热的情况下（＞24℃），需增加15%的空间；贼风；猪的睡眠区、活动区、采食区之和与排泄区的比例不小于3：1；食槽空间。

④食槽采食空间及栏位设计（图1-23）：对于自由采食的情况下，每头猪的料位宽度不低于35 cm（表1-43），而单料喂料槽的采食宽度为30 cm。通常，一个单孔料槽可供15头猪采食。

料槽设计和使用方面的错误：料槽或料盘容易外溢饲料；料槽没有下料口或没有调节下料量的装置，导致生长速度慢，饲料利用率低；料槽内的下料拨杆位置不能太低，否则会被猪的唾液污染而阻塞，猪应该仰头来启动饲料拨杆，然后再低头吃料；饮水器位置不当，距离料槽太近；至少每3 d就要调节一次下料拨杆，来控制下料量。

⑤混群问题：在已经建立好优势等级序列的批次内，尽量不要混群，因为混群的代价是很大的，混群后猪的生长速度显著减低（至少降低15%）。

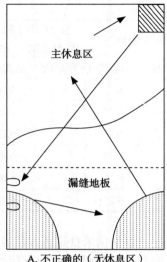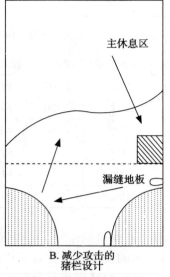

湿饲或干饲

主要排泄区

主休息区

漏缝地板

A. 不正确的（无休息区）猪栏设计

1. 料位导致休息区的打扰；
2. 两个水嘴位置不对，距离太近，并且靠排泄区；
3. 猪存在交叉路径，会导致更多的攻击

主休息区

漏缝地板

B. 减少攻击的猪栏设计

旋转的布局会减少打扰和攻击

通道在图的顶端。箭头代表的是猪日常活动的顺序

图 1-23　合理的猪栏设计与不合理的猪栏设计图

表 1-43　根据不同饲喂方式决定料位宽度

猪的体重 /kg	每头猪的料位宽度	
	限制饲喂 /mm	自由采食 /mm
10	130	35
20	160	40
50	215	60
90	260	70
110	275	75

（6）猪舍小气候差及猪感觉热的信号（表 1-44）

猪感觉太热的信号：呼吸加快；全身伸展躺在地板上；躺卧的个体间离得较远；饮水量 / 采食量发生变化；吃得少；动得少。

猪场应安装停电报警系统，且系统必须正常工作。每周测试一次报警系统。

表 1-44　猪舍小气候差的信号

问　题	信　号	问　题	信　号
太热	猪单独躺卧，躺在漏缝地板上，饮水增加，表现出异常的排粪行为，喘气	太冷	猪躺得非常近（拥挤）
		贼风	焦虑不安，转向行为
		氨气浓度太高	刺激黏膜，眼睑发红

（7）猪的出栏

①每个批次猪群，分三批次出栏。

只装有商品育肥猪的猪栏，整个栏内的肥猪到达出栏时，体重会呈正态分布。

第一批，最优秀的，占10%～15%；第二批，主体，大约占85%；第三批，剩余的，约5%。

肥猪每栏猪出栏，最多分三个批次，全部清空。

挑选待售种猪时，千万不要将挑选完剩余的猪赶回来与其他幼猪混群，必须回到原圈栏中。

②装载出栏猪的要求：猪喜欢从暗的地方走向较亮的地方；上斜坡时，坡度在15°～20°；并且哄猪通道两边侧墙为封闭的（不透明的）；使用挡猪板哄猪，禁止暴力驱赶；一旦猪上了卡车或出了场区，是绝对不允许回到猪舍的；舍内饲养员及工作人员哄猪时，绝对不允许到猪舍外部。

（8）猪病问题

①细微早期的猪病信号：叫声少；玩得少/不活跃；躺下的时间太多；很多猪呈犬坐姿势；弓背；尾巴下垂；鼻子中排出黏液；红眼圈；眼睛黏膜发红；偏好一条腿，无法站立；由于腹泻导致的脏屁股；各种颜色的粪便，稀粪便；侧腹部凹陷；离群独睡；痉挛的躺卧姿势。

②严重的猪病信号：没精打采的；对刺激很少或没有反应，站立困难；摸起来热（发烧）；采食量降低一半或更多，饮水减少；腿外展站立，以放松肺部；腹部上下起伏，帮助排除肺中空气；头朝地，尾巴下垂，弓背，猪不看人；苍白，极其危险，如急性增生性肠炎或胃肠道大出血。

③一些呼吸道疾病常见表现：咳嗽、喘、腹式呼吸；前腿外展，以便呼吸，犬坐（呼吸困难）；弓背站立，嘴张开；泪斑（鼻泪管堵塞）（表1-45）。

表1-45　呼吸道疾病鉴别表

呼吸道猪病	外在信号	经济危害
APP（传染性胸膜肺炎）（急性）	鼻子流出泡沫血，发生快、急性死亡	+++
APP（传染性胸膜肺炎）（慢性）	站起来后马上咳嗽，充血咳嗽，犬坐，前腿外展	+/++
PRRS（蓝耳病）	无特异性，流感症状	+/++
支原体（急性）	被追赶后咳嗽，停下来休息	+
支原体（慢性）	治疗后复发，干咳	+
巴氏杆菌	打喷嚏，肺炎	+
萎缩性鼻炎	颜面变形、鼻子歪斜，生长缓慢	+/++
流感	无精打采，高烧（超过40.5℃），死亡率低，食欲差	+/++

④消化道疾病（表1-46）：

表 1-46　消化道疾病鉴别表

消化道疾病	外在表现	经济危害
增生性肠炎或增生性出血性肠炎（急性）	苍白，无精打采，传播快，急性死亡	++/+++
增生性肠炎（慢性）	发育不良的猪多发，瘦	+/+++
沙门氏菌	严重患病的猪，无精打采，全群，黄色腹泻，传播快，急性死亡	+++
猪红痢疾（赤痢螺旋体）	粪便带血，水泥色粪便，发育不良的猪多发	++/+++
大肠杆菌	划桨样，头下垂，体况正常，水样腹泻，急性死亡	+/++
寄生虫	皮毛发灰，干而刺耳的咳嗽，多为感染 3 周以后	+

胃溃疡：在育肥猪中常发，有 3/4 的育肥猪有胃溃疡问题。

⑤给药：严重患病的猪不能通过饮水或饲料给药，而必须通过注射的方式。每天治疗的猪，同一天使用同一种颜色的记号笔进行标记，以便了解猪的治疗过程。

三、管理猪群工作的检查清单督导表

现场管理需要管理人员和技术人员通过"检查清单督导表"进行现场检查—督导工作—效果反馈等一系列工作流程，达到管理效果。

1. 预防猪病传入 / 传播的检查清单表（表 1-47）

表 1-47　预防猪病传入和传播工作检查表

检查及优化项目	检查及优化项目
净道与污道分开	猪场分区明确，工作路线不重叠
门口消毒池、消毒液	每组猪有专用的物品工具，组间走动洗手换鞋
来访停车区域清理、消毒及记录	采用全进全出的方式
自有的输料管线及粪污管线	不要在不同组间寄养
消毒更衣室	淘汰残次病弱猪
清洗、消毒的工作服及雨靴	工作顺序：从小猪到大猪
宠物不得入场	寄养不超过 5%
小孩不得入舍	断奶后每栏猪数量不宜太多
灭鼠及其他害虫	清洗、消毒后猪舍要彻底干燥（3 d 以上）
防鸟装置	卫生，接触患病猪后要洗手，每窝猪 / 每头母猪单独针头
没有新到的动物	转运猪车辆得到彻底的清洗、消毒、干燥
配备隔离舍	每天清洗用于装死猪的箱子，每周轮换（放置 1 周再用）
自用转运车	控制苍蝇、老鼠
自己场内运输	

2. 细节检查工作项目

检查猪场时牢记：饮水、饲料、空气、空间、光照和安静环境。

风险群体：新引进的母猪、初生重偏低的个体（低于 0.9 kg）、运动性差的妊娠母猪、过度消瘦或肥胖的母猪、有外伤的猪。

风险事件：断奶、转群、饲养员更换、更换饲料、分娩、注射。

对猪个体的常规检查项：饲料采食量和粪便；呼吸情况（频率、节奏、侧腹部起伏情况）；体温及舍温；皮肤—被毛—蹄，观察颜色、损伤和异常情况；乳头和阴户，观察颜色、肿胀情况、损伤、分泌物；黏膜颜色和肿胀情况；身体姿势和运动情况；其他异常情况；妊娠前期，饲养母猪的重中之重是体况，其次是未来仔猪的均匀度；妊娠后期，母猪的健康和仔猪的平均初生重是目标。确保母猪高效地采食和饮水，粪便应该保持松软。危险信号包括分娩前乳房变硬和分娩后泌乳少、采食量低及大量的母猪生病；饱腹感，如果母猪没有饱腹感，猪就会开始假咀嚼和咬栏杆；圈栏内猪的密度过大或太热会使母猪躺卧在靠近边墙或排泄区内。

胚胎死亡：在母猪授精后的 4～30 d 应注意避免应激。在最初的 3～4 周内，胚胎很容易死亡并随即被子宫壁吸收，如果残留的胚胎不足 5 个，妊娠将会终止，母猪会重新发情。50 d 以后死亡的胚胎无法被吸收，会变成木乃伊或流产。除了疾病因素外，导致流产的原因包括争斗和饲养员粗暴对待。在分娩前夕死亡的胚胎会形成死胎。

母猪躺卧在排泄区：不是一个好现象，容易导致因湿气渗入皮肤引起的压疮，粗糙的地面会加剧这个过程。

呼吸失调的表现：发病猪头低垂，腹部松弛，两腿分开；这些情况都是为了防止对腹部产生的压力。可能是因为缓解胸膜炎在咳嗽时会引起剧烈疼痛。

健康的育肥猪的表现：粉红、有光泽的皮肤，清澈而警觉的眼神，放松的行为和姿势。

转猪混群时应注意：按体重调整饲料的种类和饲喂量；将后备母猪与阉公猪 / 公猪分开饲养；尽可能保持猪的均匀性；最大化利用圈栏空间；尽可能方便观察；确保转运方便容易。

排粪和排尿行为表现：猪排粪时，头会面对其他猪，以确保臀部安全。因此，猪排便喜欢选择一个有两面实心墙的角落排泄。猪排尿不太需要保护，特别是公猪几乎随处排尿。

猪出现打斗等转向行为的原因：饲料不足 / 饥饿，不能同时吃到料；贼风或寒冷；没有安静的休息区；生病或即将生病；感觉不舒服和疼痛；过早地断奶；不能在泥坑里打滚。

猪攻击性行为的原因：混群，饲料太少；不能同时吃到饲料；贼风；生病或即将生病；圈栏布局不合理；不能在泥坑里打滚。

猪只检查和观察的关注要点：采食量低；生长缓慢；群体一致性差；呼吸急促；腹部很空；不采食；停在一个地方不动；背部拱起；被毛竖起；被毛苍白、很长。

3.检查母猪工作清单（表1-48）

表1-48　检查母猪项目工作清单

信　　号	应立即采取的行动	后续的措施
不活泼、警惕	修改管理方案	测量体温
不易站立	修改管理方案	继续观察发展情况
受伤	消除原因	治疗
太热/太冷，行为表现	消除原因	
被毛肮脏	消除原因	
粪便硬（不松软）	更换日粮	检查饮水量
流产	查明原因	检查母猪
异常情况	消除原因	加以更正
群体中有10%的母猪保持站立	消除不安因素，检查喂料系统	

如何避免母猪失重过多：体况评分，科学饲喂；青年母猪配种时体重不能太轻、日龄不能太早、体况不要太瘦；哺乳期产房温度保持凉爽（20～21℃）；提供充足的饮水，用碗式饮水器；产前7 d不要过度过多饲喂；哺乳期每天饲喂3次，最后一次主餐在晚上饲喂，确保饲料新鲜；避免应激，天气炎热给予特别关注。

4.与窝产仔数低有关的因素——检查工作清单

（1）青年母猪：配种时体重过轻（必须大于135 kg，240日龄以上），生长速度太快；应激；缺少"短期优饲"；在配种前和第一个哺乳期饲喂过期饲料。

（2）经产母猪：哺乳期失重太多；配种前光照不当；断奶至配种期饲喂不当；输精时没有公猪在场刺激；人工授精技术不好；青年母猪与经产母猪没有分别对待饲养；发情检查技术差，发现发情过晚；地板和母猪后躯的清洁不佳，造成感染；打斗；疾病因素；返情检查做得不好；胎龄结构不合理；应激、不安、焦虑；遗传因素；哺乳期短。

（3）公猪因素：精液品质差；没有监控公猪记录；过度使用偏爱的公猪；某些公猪携带致病基因；公猪包皮未做卫生处理；营养问题；缺乏运动。

5.初生重检查工作清单

（1）初生重

初生重指出生活仔的体重。

目标：均匀，个体重≤1 kg的比例<10%，1.3～1.5 kg占50%。

（2）初生重检查清单

①配种后12～24 d确保受精卵充分着床。

②配种后要给母猪提供安静的休息环境。

③无应激和公猪现场刺激有利于输精成功。

④配后不要混群。

⑤妊娠期不要给母猪饲喂营养太丰富的日粮。

⑥哺乳阶段母猪体重损失不能太多。

⑦不要过早的使用前列腺素。

6. 断奶仔猪饲喂合理性检查工作清单

①断奶仔猪出现生长受阻。

②仔猪肚子干瘪、毛长、体瘦。

③过渡饲料要新鲜（出厂日期不能过长，存放最好不要超过 14 d）。

④充足、干净并容易喝到水。

⑤断奶仔猪使用电解质溶液。

7. 仔猪断奶后饲料过渡工作检查清单

①保育舍装猪前，料槽和料斗必须清洗得非常干净并干燥。

②料槽下方的地面放置一块实心板（垫子）。

③料槽的位置应该在饮水器和排泄区的对面，并尽可能远离饮水区和排泄区。

④断奶后 1 ～ 3 d 内，单元内照明 24 h/d。

8. 上市体重日龄变大的检查工作清单（表 1-49）

表 1-49　仔猪目标生长速率表

日龄	周龄	体重 /kg
21	3	6.5
28	4	8
35	5	10
42	6	12
49	7	14
56	8	17
63	9	22
70	10	28

（1）影响上市体重日龄的因素有如下几点：

①初生重。

②弱小仔猪应得到护理。

③断奶体重。

④充足的采食空间（料槽采食空间）。

⑤料槽料斗下料量控制调整频率，应实时调整（最好 2 d 调整一次）。

⑥饲养密度过大。

⑦品种。

⑧环境问题，太冷、太热或通风不当。

⑨采食量。

⑩饮水问题，饮水供应量及饮水的便捷性。

⑪季节性影响。

⑫健康情况。

（2）影响猪群生长速度的因素见表1-50

表 1-50　影响猪群生长速度的因素

大的方面	因　　素	大的方面	因　　素
猪	品种	同群猪	猪栏形状
	日龄		设备摆放位置
	性别		饲养密度
	性情（是否温和）		猪群大小
饲料	配方营养均衡		体重差异
	原料品质		是否温顺
	采食的便捷性问题	疾病	生物安全
	日采食量		所患疾病，霉菌毒素
	适口性		免疫保护状态
	水（清洁、充足、便捷）		预防措施
	促生长剂		治疗措施
	湿料 / 干料		对病猪的管理
周围环境	足够的采食空间	生产管理	全进全出
	饲料口感		按批次生产管理
	是否容易接近料槽		猪舍变化
	体表周围温度		批次管理与分群技术
	空气流动速度		断奶体重
	空气流向		选择样猪称重（健康生长）
	湿度	饲养人员	人员素质
	地板表面情况		工作时间
	地板隔热性		继续教育 / 培训
	有害气体		每日工作报告
	空气中粉尘情况		观察与记录

9. 影响季节性不孕的应激因素检查工作清单

①热应激，尤其是公猪。

②饲养密度，攻击、竞争及缺乏足够的逃避空间。

③在妊娠舍将温顺的经产母猪（和初产母猪）与强悍的母猪相邻。

④防晒。

⑤缺水，包括降温用水和饮水，注意水的供应及水流速度。

⑥水温在 28℃以上。

⑦舍内空气严重污染。

⑧地板太粗糙，漏缝地板损坏。

⑨妊娠栏过于狭小。

⑩温差变化大，尤其夜间有贼风。

⑪饲养员制造过多噪音，行动贸然，对猪没有同情心。

⑫妊娠舍嘈杂不安静。

⑬饥饿，缺乏饱腹感。

⑭饲料适口性差，发霉以及存在霉菌毒素。

⑮便秘。

10. 仔猪环境问题检查清单

①所有仔猪断奶应遵循全进全出原则。

②卫生，确保料槽是干净的，并保持清洁。

③进猪前，检查舍温，单元内是否温暖、干燥。寒冷季节提前 12 h 预热。

④舍温，对体重较轻的仔猪，舍温应调高，3.5 kg 的舍温 29℃，体重 4.5 kg 的舍温 28℃，体重 6 kg 以上的舍温调至 27℃。

⑤舍内空气流动速度不应超过 0.5m/s。

⑥贼风会干扰正常通风。

11. 炎热天气时采取措施检查清单

（1）炎热天气时措施检查清单如下：

①饲料足够新鲜吗？

②饲料储存在阴凉的地方吗？

③有足够清洁的饮水吗？水槽更好。饮水器水嘴水流量至少 1.5L/ min。

④母猪增加饲喂次数。

⑤存放饲料的地方要流通新鲜的空气。

⑥每天清晨饲喂母猪和公猪。

⑦分娩前 14 d 内不要过度饲喂瘦弱的妊娠母猪。

⑧在早、晚凉爽的时候配种输精。

⑨使用滴水装置给母猪头部降温。

⑩每天早、晚凉爽时饲喂。

⑪检查饲料霉菌毒素情况。

⑫预留更多的后备母猪（是其他季节的 1.1 ～ 1.2 倍）。

（2）湿帘降温基本检查清单如下：

①湿帘降温系统要定期保养以确保其能够正常运行。

②湿帘编织纤维每年要更换，因此建议湿帘前端使用脱卸式金属丝网。

③如果湿帘下沉，可以添加更多的湿帘材料，使空气无法从空隙处穿过导致循环路径缩短。

④每 2 个月至少关闭一次输水管，以清洗灰尘和泥沙。

⑤用硫酸铜溶液冲洗湿帘以控制藻类生长，用不透光的材料覆盖蒸发垫周围和水池也助于控制藻类。

⑥由于水分蒸发，盐和其他杂质逐步积聚。应持续放掉 5% ～ 10% 的水以除去盐

或每月冲洗整个系统。注意放掉的水可能有毒。

⑦请记住，在操作的过程中，由于湿帘对吸入的空气有阻力，电力成本会增加，可以增加开启的风扇数量。

12. 咬尾问题及喝尿恶习

（1）咬尾问题的检查清单如下：

①过度拥挤。

②通风不良，通风口位置不当，二氧化碳、氨气等气体浓度，夜晚低速贼风问题。

③猪栏布局设计不当，造成猪好斗。

④料槽设计不合理。

⑤未及时转走病猪。

⑥遗传因素（猪变得不再温顺）。

⑦食盐浓度低。

⑧饲料适口性差。

⑨饮水缺乏或污染。

⑩无聊。

⑪饲养密度过大。

（2）如何处理咬尾问题，措施如下：

①短期措施：立即移走所有被咬的猪只；把攻击者用喷漆做好标记以分清肇事者；将那些被咬的猪转到健康栏内；不要迟疑，马上行动，否则情况会变得更糟；添加些咀嚼物或新鲜的玩具。

②长期措施：查找分析引起咬尾的主要原因；一次尝试使用1个或2个解决方法，并维持2 d，看效果；记录日期、栏号、天气变化、病猪数量和其他任何值得关注的情况，目的是找出原因。

（3）喝尿的恶习可能的原因如下：

①水缺乏，如每头猪日饮水在2.2L以下。

②饮水困难，如水流小。

③天气热，特别是水嘴的位置不好，或猪栏太窄。

④过度拥挤。

⑤水质量问题，如泥浆、结肠小袋虫。

⑥排污不畅。

⑦相对湿度大、通风效率低。

⑧饮食中盐分浓度太高或太低。

13. 肢蹄问题

导致肢蹄问题的原因如下：

①遗传因素。

②机械性损伤，地板质量问题、栏位问题、打斗、爬跨等。

③感染，如：传染性关节炎，通过剪牙、断尾、断脐带、膝盖磨损、扁桃体感染途径感染。

④营养问题。

四、猪流行性腹泻的防控措施

1. 流行性腹泻的症状

传播迅速，数日内可呈地方性流行，甚至发展为大流行。不分大小、年龄、品种，所有猪均可感染发病，10 日龄内仔猪发病死亡率高。

水泻、呕吐、脱水。乳猪水泻粪中往往含有乳凝块，很快出现脱水、消瘦、被毛干枯；小肠壁变薄，弹性降低，肠管扩张，充满液状内容物，呈半透明状。胃内有凝乳块（区别排除蓝耳），乳糜管萎缩。发病猪粪便 pH 为酸性。

2. 预防措施

（1）疫苗接种。按照免疫程序，后备猪在 22 周龄和 24 周龄分别接种腹泻疫苗，口服 2 头份弱毒 + 肌肉注射 1 头份灭活苗；基础猪群，每年 3、9 和 12 月在月初免疫 2 头份腹泻弱毒疫苗（口服），在月末免疫 1 头份腹泻灭活疫苗（肌注）。

（2）严格执行防疫条例，严把生物安全关，特别是关键部位的防疫工作，如出猪台、拉猪车、大门口、参观室、人及物料等控制；猪场猪舍和饲料库必须加装防鸟网，做好定期灭鼠工作。

（3）定期监测临产母猪和分娩母猪血液及初乳中流行性腹泻 IgA 抗体情况。

3. 发病猪场的应对措施

目标：减少新生仔猪（< 7 d）死亡率，2 周内得到控制，尽快恢复满负荷均衡生产，2 年内不再发病。

（1）猪场一旦发病，必须立即诊断（不能耽搁）。

（2）确诊后，立即收集刚刚发病仔猪的小肠内容物，立即全群基础猪 + 后备反饲（包括哺乳母猪和后备猪），反饲 2 ～ 3 次。

（3）发病单元隔离，用具单独使用。

（4）环境消毒，使用碱性消毒剂消毒，火碱、生石灰铺洒。

（5）10 日龄以上仔猪立即断奶（移出），饲喂高质量代乳料（如泰高代乳料）饲养。

（6）正在拉稀猪的粪便及时覆盖（石灰或蒙脱石粉），猪场的粪便必须得到有效控制，不能暴露。

（7）大于 10 日龄仔猪发病，要及时补液，防止其脱水死亡。

（8）母猪饲料中添加含甲酸的防霉剂 3 kg/t（建明的克霉霸）。

（9）保育—育肥群最好清空连续 2 个单元。

（10）早期断奶的母猪使用烯丙孕素抑制发情，配种前 5 d 停药。

（11）控制好粪便、污水及入场口。

（12）猪场 PED 得到有效控制后，检测环境采样，饲料、拉猪车、粪便及猪舍，PCR 检测，每日采样，每周检测 3 样。

（13）最后一次反饲一个月后，所有母猪免疫接种（肌注）腹泻灭活苗 1 头份。

反饲措施的操作方法如下：

①病料的选取：根据临床症状和病理剖检确认仔猪是 PEDV 感染。选取 10 ～ 30 头刚发病的仔猪，取新鲜小肠及内容物即为病料。

②病料的处理：将准备好的 4℃保存的冷鲜牛奶（冰箱备用）与病料 1 ∶ 1 混合后

放入榨汁机内将胃肠绞碎混匀，形成反饲病料。

③将反饲病料尽快对反饲目标猪（所有种猪，包括哺乳母猪、妊娠猪、空怀、公猪及后备猪）进行饲喂。在喂料时，用注射器或者小勺 5 ～ 20g/ 头饲喂。反饲 1 ～ 3 次。

④反饲后 3 d 之内观察反饲的猪群，应该有 60% ～ 70% 的猪发生腹泻。证明反饲效果良好，如发生腹泻的猪比例太小，可考虑重新进行反饲。

第十八节　选种参观操作

（1）客户到场看猪或者选猪时，一定要有人及时开门、赶猪，不能出现无工作人员接待现象。

（2）猪场给到场人员统一配备隔离服和胶鞋，到场人员不能出现不穿隔离服、不洗手、不穿鞋套或者胶鞋进入展厅的情况。

（3）客户进场防护用品必须干净整洁无异味。

（4）展厅物品的摆放要整齐有序。

（5）消毒盆毛巾要干净，消毒液更换及时干净。

（6）展厅栏位内的猪粪要及时清理，不能出现猪粪堆积，不及时清理的现象。

（7）展厅玻璃窗要干净，要保证客户选猪时的有效视线。

（8）观察室的卫生要干净，给客户创造舒适的条件。

（9）赶猪人员态度要和蔼，不能出现不耐烦的现象，更不能出现打猪现象。

（10）展厅的赶猪人员应具有一定的专业水平，以便解决客户当场提出的一些异议，回答要做到流利、专业、准确。

（11）及时登记来访选猪人员的记录，一次选猪结束后必须对参观室进行环境清理和消毒工作。

第十九节　种猪选择指南：各品种通用选择标准

（1）体型符合本品种特点特性，没有遗传疾患。

（2）体表干净，没有明显外伤脓包及结节等。

（3）精神状态：精神活泼好动，两眼明亮有神，眼睛不能有眼屎，没有结膜炎，无明显泪斑。

（4）生长发育正常，体重和日龄相符，体况中等或偏上，不可过瘦或者过肥，肚腹适中。

（5）肢体健壮，行走正常，不能出现卧系、O 形腿、X 形腿，蹄瓣大小相对对称。

（6）被毛顺溜光滑，没有杂毛，皮肤颜色正常，不能出现皮肤苍白现象。

（7）公猪包皮不能过大，且不能有明显积尿。

（8）公猪睾丸发育良好，左右、上下相称。

（9）母猪外阴不能上翘，不能太小，与体重应相适。

（10）母猪乳头 7 对以上，无瞎乳头。

第二十节 引进种猪隔离检疫期管理

一、种猪到场前的准备工作

1. 人员

（1）准备进入隔离场的工作人员进猪前半月内不得从事养猪场的生产、经营活动。隔离场的工作人员提前一周进入隔离场，在隔离期间遵循只出不进的原则。

（2）隔离舍的工作人员在生活区洗澡更衣后进入生产区，在生产区再次洗澡更衣后进入隔离猪舍。进入隔离舍后，吃住在隔离舍，在隔离检疫结束前不准擅自离开隔离舍进入舍外生产区（生大病等特殊情况除外）。饭菜水果等由指定后勤人员严格消毒后，送至隔离舍的指定地点。送饭人员进入生产区严格遵守人员相关消毒程序。

2. 物品

（1）隔离场生活用品由指定后勤人员集中采购，一次购买至少一周所需物品。猪、牛、羊肉及其制品一律不准带入猪场，购买的鱼类、鸡蛋和鸡肉产品及蔬菜、水果必须到专门批发市场购买，尽量不到同时还批发猪、牛、羊肉的市场购买。

（2）进场物品必须在紫外灯下照射 2 h 以上，能够进行擦拭的物品要用消毒药液擦拭到最小外包装。

3. 车辆

外来车辆一律不准入场，把所送物品放到门外必须马上离开，物品只能用本场车辆转入场内。特殊情况需外部车辆进入，必须经火碱消毒池，再用消毒药对车体严格消毒，司机按人员入场消毒程序执行。

4. 生活区和舍外生产区

生活区和舍外生产区经空场期间严格清理消毒后，进猪前一月内，每周 3% 火碱溶液消毒一次，进猪前 1 d 再次消毒。进猪通道进猪前一日用清水把火碱冲洗干净，并用刺激性较小的消毒药消毒，进猪前 3 h 再次消毒。

5. 猪舍

猪舍经空场期间多次严格清洗消毒后，进猪前一月内，每周消毒一次，进猪前一天和进猪前 3 h 再次消毒。测量舍内温度，进猪前舍温应达到所需温度（或无猪时舍温 10℃ 以上），自动饮水器逐个检查，放出其中的陈旧水；料槽逐个清扫消毒，确保万无一失。猪舍入口设脚盆和洗手盆，进入猪舍必须脚踏脚盆并洗手消毒。猪舍内各单元入口设脚盆，消毒液每日更换一次。

6. 其他

（1）种猪饲料经外包装消毒后提前进入猪场，经熏蒸消毒后转入隔离舍待用。

（2）所有在全舍熏蒸消毒后需要进入隔离舍的物品，必须经熏蒸消毒后才能转入隔离舍使用。

（3）隔离场禁止饲养猫、犬等动物，定期灭鼠，门窗挂纱帘，防止鸟、蚊蝇侵入。隔离场周围禁止放牧，如有发现，及时制止并劝其马上离开。

二、隔离检疫期的管理

1. 进猪时的各项工作

（1）种猪抵达场区门口，用刺激性较小的高效消毒药对装猪笼具及车辆进行带猪消毒。卸猪、赶猪过程中动作轻缓，防止种猪肢蹄损伤。

（2）种猪进入隔离舍，再次用高效消毒药对猪体喷雾消毒，然后转入猪圈。

（3）进猪当天，核对种猪耳号，按照性别、体重、年龄、品种和数量对种猪进行分圈，饲养密度以不低于 2 m²/ 头为宜。逐个检查猪的体况，对运输过程中出现的种猪肢蹄或其他部位的外伤进行及时治疗，对受伤猪只进行详细记录。

（4）猪只圈号确定后，无特殊情况一律不准调圈，并以栏为单位将猪耳号制成卡片，悬挂在该栏便于观察的地方。遇到种猪必须调圈的情况需先上报技术员，经技术员同意后方可调圈。

2. 环境调控

每日早、中、晚观察猪舍内的温度并记录在案。体重 50 kg 以上的猪，舍内温度以 18 ~ 22℃为宜。最低不能低于 16℃，最高不能高于 25℃，避免舍内日温差大于 5℃，并防止舍温剧烈变化。

3. 体温监测

（1）第一周，按品种、性别对种猪进行体温监测并记录在案，及时了解种猪的状态，发现情况及时处理。猪群小于 100 头，则全部测量或 50% 抽测；猪群大于 100 头，则 30% 抽测。

（2）一周后，对精神差、食欲差、喜卧等表现疑似病态的猪进行体温测量并记录。

（3）每次免疫疫苗后 3 d 内，应对猪群的体温变化进行抽样监测，对疫苗有反应的猪只要重点监测。

4. 防疫

（1）严把"三道关"，尽量减少人员、车辆、物品进入隔离场。

（2）门卫：一切人员进场须经紫外线灯照射，更换场内服装及鞋帽，在消毒洗手盆内洗手，踏踩专用消毒池后，方可进入场区；车辆要经火碱池，再用有效消毒液对车体、地盘彻底消毒后，静止 30 min 才可入场；物品必须在门口进行有效消毒至最小外包装后方可进入场内，猪、牛、羊肉及制品禁止入场。

（3）进入舍外生产区：人员要在生活区隔离净化 48 h，更衣洗澡后，方可进入舍外生产区，进入舍外生产区时，更换舍外生产区蓝大褂、胶靴，洗手消毒后进入。物品与车辆同（2），再次有效消毒后进入生产区。

（4）进入猪舍：人员进入猪舍，脱去所有衣物，淋浴洗澡后，换舍内工作服进入猪舍工作，所有私人物品不得带入。物品进入猪舍需再次有效消毒至最小外包装。所有舍内物品不准带出猪舍。

（5）门卫、生产区入口各火碱池、消毒垫每 3 d 更换一次消毒药。

（6）舍内人员每天淋浴一次，工作服每 1 ~ 2 d 洗涤一次，人员出入门口脚踩消毒盆，盆内消毒液每天更换一次。动检人员出入须按程序更衣淋浴，脚踩消毒盆。

5. 消毒

（1）前一周，隔离舍每日上午 10：00 ～ 11：00 气温较高时带猪消毒一次。一周后，隔离舍每周带猪消毒 2 次。消毒药用量 0.3 L/m²，消毒药每半月更换一次。

（2）隔离舍以外的猪舍，每周消毒一次，消毒药物与隔离舍同。

（3）舍外生产区和生活区每周用 3% 火碱溶液喷洒消毒一次，以地面湿润为宜。

（4）刮大风和下雨后，全场加强消毒一次。

6. 疫苗免疫接种

（1）动物检验检疫部门对猪群采血化验后，待猪群恢复正常，即开始对猪群接种隔离检疫期需免疫的各种疫苗。每种疫苗接种时间间隔 5 d 以上。任何疫苗在全群接种前，必须提前 1 d 选有代表性的种猪进行小群免疫试验，确保无不良反应后才能全群接种。

（2）引进种猪隔离检疫期疫苗免疫计划可以参考引进场家建议并根据当地疫病流行情况制定。

（3）按照"后备猪驯化程序"开展驯化及疫苗免疫工作。

第二章

育种操作技术规范

第一节 品种鉴定操作

品种是指来源相同，具有相似的形态特征和生产性能，能够将其特征稳定遗传给后代，并具有一定数量的、经鉴定合格的基础种猪的类群。

一个品种引入到另一个地方，由于自然条件和饲养条件不同，或选育方向、重点有所改变，就会形成在体型、生产性能上各具特点的类群，这可以看作是品种内不同的品系。如长白猪有来源于丹麦的丹系、英国的英系、加拿大的加系、法国的法系、美国的美系等，杜洛克有美国的美系、中国台湾的台系、加拿大的加系，大白猪有丹麦的丹系、英国的英系、加拿大的加系、法国的法系、美国的美系等。

目前从国外引进的品种主要有长白猪、大白猪、杜洛克猪、皮特兰猪、汉普夏猪。

一、长白猪

长白猪体躯长，被毛白色，允许偶有少量暗黑斑点；头小颈轻，鼻嘴狭长，耳较大向前倾或下垂；背腰平直，后躯发达，腿臀丰满，整体呈前轻后重，体躯呈流线型，外观清秀美观，体质结实，四肢坚实。乳头数 7～8 对，排列整齐。

二、大白猪

大白猪全身皮毛白色，允许偶有少量暗黑斑点，头大小适中，鼻面直或微凹，耳竖立，背腰平直。肢蹄健壮、前胛宽、背阔、后躯丰满，呈长方形体形等特点。平均乳头数 7 对。

三、杜洛克

杜洛克猪全身被毛棕色，允许体侧或腹下有少量小暗斑点，头中等大小，嘴短直，耳中等大小、略向前倾，背腰平直，腹线平直，体躯较宽，肌肉丰满，后躯发达，四肢粗壮结实。

四、皮特兰

法国皮特兰猪毛色灰白，夹有黑白斑点，有的杂有红毛。头部、颈部清秀；耳小、直立或前倾，体躯宽，背沟明显、尾根有一深窝，前后躯丰满，臀部特发达，呈双肌臀；后躯、腹部血管清晰露出皮肤表层，乳头排列整齐，有效乳头为 6 对。

五、汉普夏

汉普夏猪最突出的特征是其环绕在肩部和前腿上的白带，黑色被毛上具有白带构成了其与众不同的特征，后肢常为黑色，在飞节上不允许有白斑。头清秀，嘴较长而直，耳中等大小而直立，肩部光滑结实，体躯较长，背腰呈弓形，肌肉发达，性情活泼。

六、二元猪

二元猪是猪的一种杂交品种，是由两种纯种猪杂交而成。由于杂合程度大（基因的显性和上位效应），有明显的杂交优势，一般长势快、育肥效果好，所以这种杂交应用比较广泛。常见的有大白 × 长白二元和长白 × 大白二元。大长二元就是以大白猪作为父本，长白猪作为母本杂交获得，长大反过来是以长白猪作为父本，大白猪作为母本杂交而得。二元猪由于其基因不能稳定遗传给后代，所以二元猪后代不能留作种用。长大和大长二元被毛都大部分是白色，但是其他体型外貌有的像大白、有的像长白、还有的兼具大白和长白的特点。

七、商品猪

以屠宰加工肉食类为目的的一类猪群，一般是配套系的终端猪种。商品猪具有多个品种猪的杂交优势，具有生长速度快，饲料转化率高，瘦肉率、屠宰率高等特点。常见的有杜长大三元商品猪和杜大长三元商品猪，还有其他一些配套系的终端猪。杜长大是以杜洛克公猪为父本，长白公猪和大白母猪杂交的后代母猪作为母本，进行再次杂交获得。杜大长是以杜洛克公猪为父本，大白公猪和长白母猪杂交的后代母猪作为母本，进行再次杂交获得。商品猪的体型外貌取决于生产商品猪的配套系猪。

第二节　种猪选留操作

种猪选留主要分为 6 个阶段，如下：

第一次出生时，核心群一级、核心群二级的后代每窝最好选留 2 公 4 母；核心群三级的后代每窝选留 2 公 3 母；扩繁群后代至少选留 1 公 2 母，总产仔数多的窝里可以适当多选。出生后寄养前，根据出生重、总产仔数、产活仔数、乳头数、遗传缺陷等选留并打上耳牌。各核心场育种员跟产房负责人共同配合完成此工作，生产部人员不定时检查。

第二次选择为断奶，根据仔猪发育情况，选择乳头多、对称、排列整齐，无遗传缺陷，父母系谱清楚的仔猪初步选留。在断奶转群时，将选留的打耳牌猪根据体重大小并圈饲养，公母分群，给予适当的饲养密度。

第三次选择 70 日龄左右，在保育阶段达下床日龄时，根据仔猪的发育状况，将一些长势不良、出现疾病或者缺陷的选留猪剔出群（将耳牌剪掉），将其余全部打耳牌选留猪进行个体称重，录入平台"猪—生长性能测定（30 kg）"。

第四次选择，在育肥转群时，同样将选留的打耳牌猪根据体重大小并圈饲养，公母分群，给予适当的饲养密度。当育肥达 85 ～ 115 kg 测定体重时，根据育肥阶段的生长状况，将一些瘦弱、体型外貌评定差的选留猪剔出群，其余的选留猪进入最后的性能测定（100 kg 体重日龄、100 kg 体重活体背膘厚、眼肌厚等）（生产部人员和猪场人员共同参与）。

第五个阶段为遗传评估，将测定结果录入生产网络平台，然后进行遗传评估，根据评估结果，确定初步选留的猪。

1. 测定结果录入操作

（1）点击"育种测定"图标，出现下面的界面（图 2-1）。

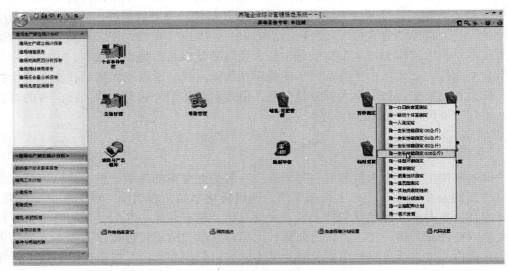

图 2-1　性能测定数据录入平台界面图例

（2）单击进入"猪—生长性能测定（100 kg）"。

（3）在"编辑"下点"新增"选项。

（4）然后添加录入测定猪的个体号、体重（kg）、背膘厚（mm）、眼肌厚（cm），最后在右上角输入测定日期。

2. 评估结果提取操作

（1）首先进入"猪育种分析"界面（图 2-2）。

（2）点击"测定后—留后背母猪"选项。

（3）在左上角选择"数据提取"，出现图 2-3 的界面。

（4）在模型里选择"KFNETS 通用选种选配模型"（长城丹玉选择"育种中心法系种猪模型"）。

（5）在品种品系下选择单一品种，然后在"评选后备猪条件"下选择测定猪的日龄范围，为了包含全部的测定猪，日龄范围可尽量输大一点。注意一定要将"必须有测定成绩"选项勾上，否则会将全部日龄范围的猪都提取出来，数据庞大，影响电脑运行，之后输入测定日期范围，点击提取数据（图2-4）。

（6）如品种是大白、长白—点击母系指数项—点击降序排列（指数越高越好）—点击文件—另存为—excel—将数据保存。

（7）如品种是杜洛克、皮特兰、圣特西—点击父系指数项—点击降序排列（指数越高越好）—点击文件—另存为—excel—将数据保存。

大白、长白猪根据母系指数排名，杜洛克、皮特兰、圣特西根据父系指数排名，选择指数高于100的作为留后备对象。

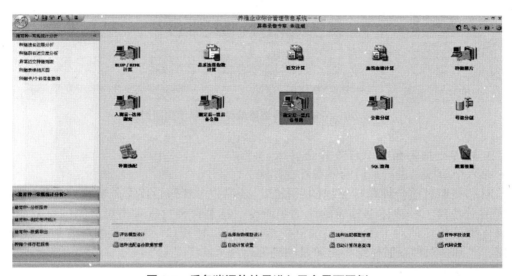

图 2-2　后备猪评估结果进入平台界面图例

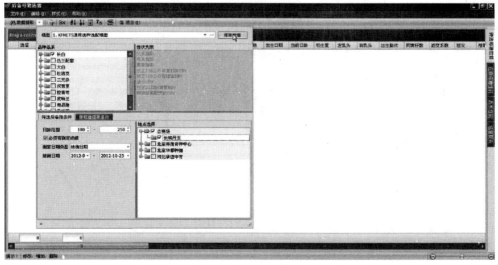

图 2-3　后备猪评估结果查询操作的界面图例

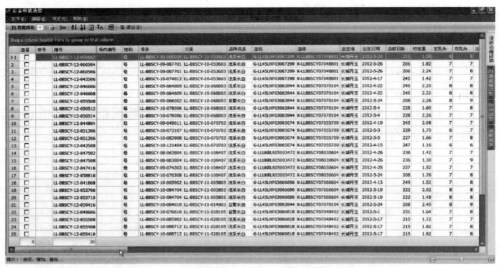

图 2-4　后备猪评估结果最终平台显示面图例

3.后备公猪的操作跟后备母猪类似

第六个阶段是进行最后的体型外貌评定。

对那些经过遗传评估选留出的后备猪，还需进一步进行体型外貌评定，确定最终优秀的后备猪。种猪体型外貌的评估和遗传改良是育种过程中不可分割的重要内容，因为体型外貌评估对于改良种猪的外貌结构、体型特征和延长其使用寿命具有重要的作用，尤其是对种猪肢体结构与质量的改善。

1. 前肢与系部

（1）前肢、蹄、系部的姿势与形状是进行肢蹄评估和选择时的重要参数。

（2）评分标准：1= 严重缺陷；2= 轻度缺陷；3= 一般；4= 好；5= 完美。

（3）前肢不同的侧视缺陷，参见图 2-5。

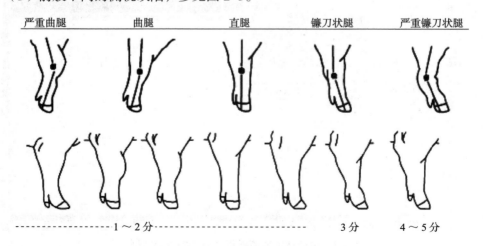

图 2-5　前肢不同侧视缺陷

（4）前肢不同的正视缺陷，参见图 2-26。

O 形腿　　　　　　正常　　　　　　X 形腿
1 分　　　　　　　3 分　　　　　　1 分

图 2-6　前肢正视角度分不同腿形类型评分

（5）前肢系部缺陷，参见图 2-7。

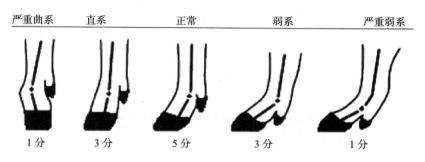

严重曲系　　直系　　　　正常　　　　弱系　　　严重弱系

1 分　　　3 分　　　5 分　　　3 分　　　1 分

图 2-7　前肢系部评分图

2. 种猪后肢与系部

（1）正如前肢与系部间的紧密关系一样，后肢与系部的关系也很紧密。

（2）评分标准：1= 严重缺陷；2= 轻度缺陷；3= 一般；4= 好；5= 完美。

（3）后肢侧视缺陷，参见图 2-8。

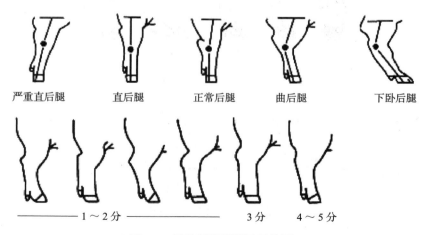

严重直后腿　　直后腿　　正常后腿　　曲后腿　　下卧后腿

———— 1～2 分 ————　　　3 分　　　4～5 分

图 2-8　后肢侧视脚型及评分图

（4）后肢后视缺陷，参见图2-9。

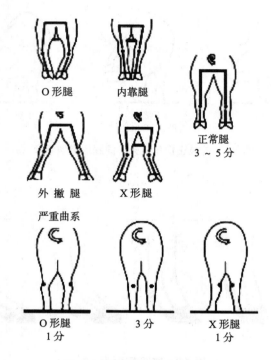

O形腿　　内靠腿

正常腿
3 ~ 5分

外 撇 腿　　X形腿

严重曲系

O形腿　　　3分　　　X形腿
1分　　　　　　　　　1分

图 2-9　后肢后视腿形及评分图

（5）后肢系部缺陷，参见图2-10。

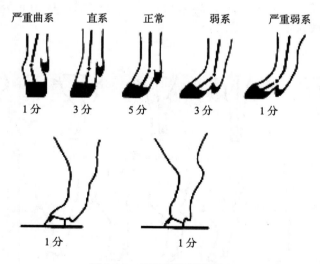

严重曲系　直系　正常　弱系　严重弱系

1分　3分　5分　3分　1分

1分　　　　　　1分

图 2-10　后肢系部评分图

3. 前肢和后肢的蹄部评分，参见图 2-11。

（1）评分标准：1分=严重缺陷；2分=轻度缺陷；3分=一般；4分=好；5分=完美。

（2）示例见图 2-11。

| 好 | 过短 | 蹄趾不均 | 蹄瓣间缝隙过大 | 蹄部过长 |
| 5分 | 1分 | 1分 | 1分 | 1分 |

图 2-11　蹄部类型及评分图

4. 腿臀部

（1）腿臀是与种猪肌肉丰满密切相关的一个重要外形评分参数。

（2）评分标准，参见图 2-12：

1= 肌肉极度瘦小的腿臀；

2= 肌肉轻度瘦小的腿臀；

3= 中等肌肉丰满的腿臀；

4= 肌肉较丰满的腿臀；

5= 肌肉极度丰满的腿臀。

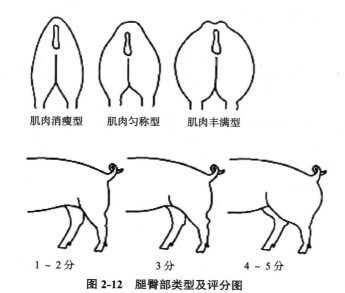

肌肉消瘦型　　肌肉匀称型　　肌肉丰满型

1～2分　　　　3分　　　　4～5分

图 2-12　腿臀部类型及评分图

5. 背腰

（1）猪的背腰肌肉是分割肉中最昂贵的部分之一。

（2）评分标准，参见图 2-13：

1= 背腰部弯曲、过度狭窄且肌肉附着很少或存在明显缺陷；

2= 肌肉少，背腰部窄且有轻微的腰部缺陷；

3= 背腰部肌肉中等且在外形上无明显缺陷；

4= 背腰部平直、宽、肌肉发达且无缺陷；

5= 背腰部非常平直、宽度适度、肌肉丰满且无任何缺陷。

（3）示例见图 2-13。

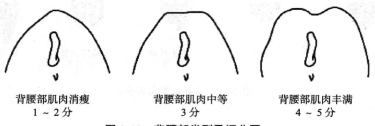

背腰部肌肉消瘦　　　　背腰部肌肉中等　　　　背腰部肌肉丰满
　1～2分　　　　　　　　3分　　　　　　　　4～5分

图 2-13　背腰部类型及评分图

6. 肩部

评分标准，参见图 2-14 ：

1= 肩部消瘦且发育不平衡；

2= 肩部肌肉较少且发育不平衡；

3= 肩部肌肉中等且发育比较匀称；

4= 肩部肌肉丰满且发育均衡；

5= 肩部肌肉发达且发育均衡。

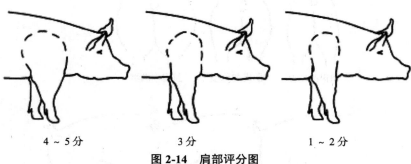

4～5分　　　　　　　3分　　　　　　　1～2分

图 2-14　肩部评分图

7. 腹部

评分标准，参见图 2-15 ：

1= 腹部脂肪非常多，松软且轮廓分明；

2= 腹部脂肪较多且轮廓分明；

3= 平均、中等的腹部；

4= 腹部收紧、结实；

5= 腹部十分收紧、结实。

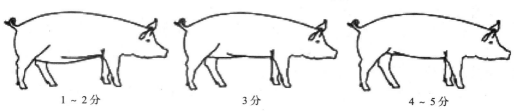

　　　　1～2分　　　　　　　　　　3分　　　　　　　　　4～5分
图 2-15　腹部评分图

8. 腹线

（1）母系种猪对腹线（乳房和乳头）的要求要比父系种猪的要求严格得多。

（2）评分标准，参见图 2-16，图 2-17：

1= 乳头数太少且形状或位置存在缺陷的腹线；

2= 乳头数略低于最低标准或在形状和位置上稍具缺陷的腹线；

3= 乳头数达到标准、位置尚可且无明显缺陷的腹线；

4= 拥有 15 个或以上的乳头，且位置合理、无任何缺陷的腹线；

5= 腹线极好，乳头数目达 16 或 16 以上、位置合理无任何缺陷且乳头外形优良的个体，发育完全、位置和形状俱佳且肚脐前具有 4 对有效乳头的腹部。腹线评分为 5 分。

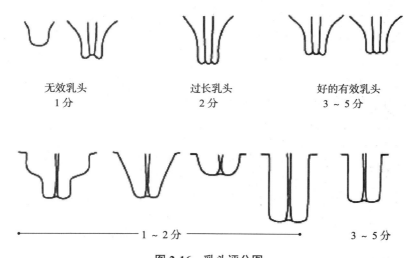

　　无效乳头　　　　　　　过长乳头　　　　　　好的有效乳头
　　1分　　　　　　　　　　2分　　　　　　　　　3～5分

　　　　　　　　1～2分　　　　　　　　　　　　3～5分

图 2-16　乳头评分图

图 2-17　好的腹线，分布均匀，脐带前 4/4 分布

后备猪的精挑细选步骤如下：

第一轮，在出生后至断奶前，核心群母猪后裔仔猪中挑选，有疝气等遗传疾患不选，乳头在 7 对（包括 7 对）以上且肚脐前至少 4 对以上，尾巴留长一些，选上的猪打上与其他猪不同颜色的耳牌，刺墨。

第二轮，在 10 周龄左右，对腿、发育情况和乳头质量进行筛选，在此期间有驯化措施。

第三轮，对 6 ～ 7 月龄的后备猪进行集中挑选（按表 2-1 后备猪选择表）。让后备猪轻快地行走，观察。

通过使用"后备猪现场选择图表（图 2-18 和表 2-1）"，可以考虑所有的因素，从而做出合理、客观的选择。现场选择按照打分制进行，1 ～ 4 分，最差为 1 分，最好为 4 分。

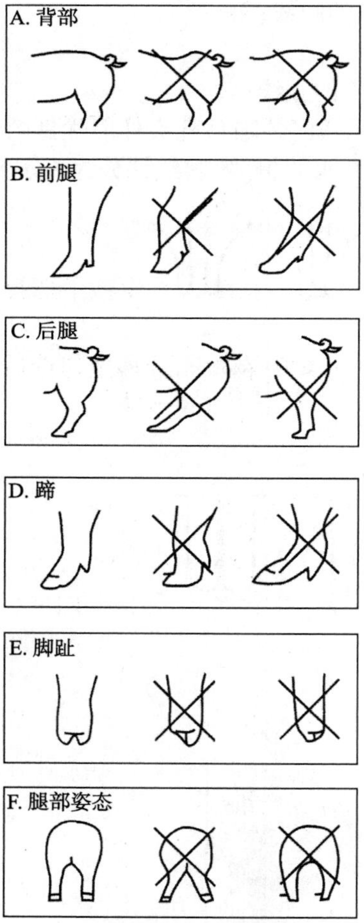

表 2-1　后备猪现场选择表

后备猪个体号：			日期：年 月 日
发育情况评估			
评分项目	具体描述	得分情况	备注
肩部	宽　/　窄		
背部	宽　/　高　/　平直		
腿部	粗　/　细		
乳头	＞ 7 对，脐前 4 对以上，无瞎乳头，分布均匀		
外阴	发育良好，无外伤		
腿部评分			
评分项目	具体描述	得分情况	备注
前腿姿势	标准见图 2-18（B）		
后腿姿势	标准见图 2-18（C）		
前后脚趾角度	标准见图 2-18（D）		
前后脚趾发育	标准见图 2-18（E）		
前后腿姿势腿	标准见图 2-18（F）		
腿	不能干燥、肿大、增厚		
外表健康评分			
评分项目	具体描述	得分情况	备注
皮肤	不能有抓伤、注射肿块、耳朵肿		
呼吸道	不能有泪斑、红眼、咳嗽、喘		
肠道	不能腹泻		
尾巴	比手掌宽度要长		
行为评估			
评分项目	具体描述	得分情况	备注
安静 / 平静			
怕人否			
最终结果			
得分：	最终选留否	选留	淘汰

A. 背部

B. 前腿

C. 后腿

D. 蹄

E. 脚趾

F. 腿部姿态

图 2-18　后备猪现场选择图

第三节　种猪选配操作

种猪选配包括后备猪的选配和种母猪的选配，首先要制作选配计划。

（1）近交系数，各场可根据本场情况自己设定近交系数，原则是公猪和母猪的亲缘相关要小于 0.1。

（2）大白、长白核心群母猪要选择后代母系指数高的公猪，杜洛克、皮特兰、圣特西核心群母猪要选择后代父系指数高的公猪。

（3）最优秀的母猪（在群母猪中选择指数排在前 10% 的个体），必须用最优秀的公猪（在群公猪选择指数排名前 5 的个体）去配种输精，要关注这些优秀个体分娩后的后代，将后代个体特殊标记，以备测定和选留。

（4）在某个性状上 EBV 指数最优秀的个体母猪，可用该性状最优秀的公猪去配种输精，希望其后代在该性状上表现更为优秀，加以留种。

在新生产管理平台中，近交系数都是自动计算的。配种方案中计算的指数是预测后代的指数。各场只需提取公母猪即可建立可行的配种方案。

一、断奶母猪的选配计划

（1）在"猪育种分析"模块下进入"种猪选配"。点击数据提取，在模型里选择"KFNETS 通用选种选配模型"。

（2）在种公猪提取条件下选择品种品系，各品种单独提取，在状态选择里勾选后备公猪和种用公猪，点击数据提取。

（3）在种母猪提取条件下选择母猪胎次范围，包含全部的断奶母猪，然后选择品种品系，与公猪品种品系对应，在状态选择里勾选断奶母猪，点击数据提取。

（4）在右侧边框里选择"宜配方案"，然后选择"适配方案——母猪＞公猪"最大亲缘相关小于 0.1，然后点击建立方案。

（5）点击母猪号左侧的 +，对符合条件的公猪指数排序，大白、长白母猪要以母系指数进行排序，杜洛克、皮特兰、圣特西母猪要以父系指数排序，并在序号列里输入公猪的指数排名 1、2、3……，每头母猪都要输入符合条件的公猪指数序号。直接点击打印预览，出来的选配计划中，公猪从前到后是按照指数的高低排列的（图 2-19、图 2-20）。

（6）将做好的选配计划另存为 excel 文档，并打印出来，保留纸质档案。

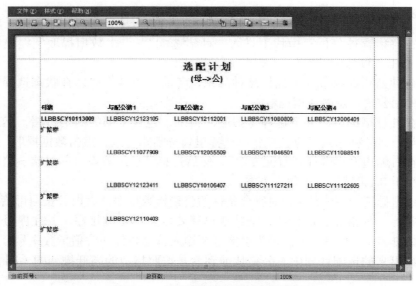

图 2-19　母猪选配计划例图

图 2-20　母猪选配计划输出结果例图

二、后备母猪的选配计划

（1）后备母猪转群时也要进行核心群和扩繁群划分（参考后备猪选留方案）。

（2）在"猪育种分析"模块下进入"种猪选配"。点击数据提取，在模型里选择"KFNETS 通用选种选配模型"。

（3）在种公猪提取条件下选择品种品系，各品种单独提取，在状态选择里勾选后备公猪和种用公猪，点击数据提取。

（4）在种母猪提取条件下选择母猪胎次范围，然后选择品种品系，与公猪品种品系对应，在状态选择里勾选后备母猪，点击数据提取。

（5）在右侧边框里选择"宜配方案"，然后选择"适配方案——母猪＞公猪"最大亲缘相关小于 0.1，然后点击建立方案。

（6）点击母猪号左侧的＋，对符合条件的公猪指数排序，大白、长白母猪要以母系指数进行排序，杜洛克、皮特兰、圣特西母猪要以父系指数排序，并在序号列里输入公猪的指数排名 1、2、3……，每头母猪都要输入符合条件的公猪指数序号。直接点击打印预览，出来的选配计划中，公猪从前到后是按照指数的高低排列的。

（7）要求核心群的母猪必须使用指数排名前 1/2 的公猪配种，原则上核心群级别越高的，选择指数最靠前的公猪配种，但每天的核心群母猪坚决避免使用同一头公猪配种。扩繁群的母猪挑选选配计划里的公猪配种即可。每头公猪年配母猪数最好不超过 30 窝。

（8）将做好的选配计划另存为 excel 文档，并打印出来，同时将符合要求的与配公猪标记出来，然后交予配种员。育种员在可选公猪范围内进行采精配种。

第四节　猪只称重操作

选留猪达到 85 ～ 115 kg 时需测定体重，最好在 100 kg 体重左右称重。在称重之前先检查秤的准确性，如不准确，则需进行置零校正。然后将猪赶上秤，待猪安静稳定时读取体重。并同时记录下体重与对应的耳号。

第五节　背膘测定操作

背膘和眼肌厚度在种猪生长性能测定时是不可缺少的，背膘厚与母猪的繁殖性能也有较大的相关性，因此，制定标准的背膘测定操作流程是必要的。测定背膘的仪器以 ALOKA 500V B 型超声仪为例。

一、B 超仪的连接

1. 连接探头

将 ALOKA 500V B 超仪的探头连接器插入主机探头连接处，确认已插入连接处，顺时针旋转链接器锁闭手柄，然后检查并确认探头已与主机连接良好。

2. 连接电源线

将电源线一端插入主机的电源插座孔，并确认连接良好。注意：初次接通必须检查并确认电源是否符合 ALOKA 500V B 超仪设备要求（电压、电流等）。

3. 连接电脑

将 ALOKA 500V B 超仪专用外接转换器输入端与 ALOKA 500V B 超仪后面的 VCR 输出端连接，再通过外接转换器另一端的 USB 端口与电脑连接。

4. B 超仪的开机与设置

打开 ALOKA 500V B 超仪的电源开关，增益设置：总增益（overallgain）设置为

90，近场增益（near gain）设置为 –25，远场增益（far gain）设置为 2.1；焦距设置：按调焦键（focus）进入调焦菜单，选择显示图像为交互式平移视图（highlight F1 and F2），再按调焦键确认；放大倍率设置：按倍率键（magnification）调整倍率为 ×1.5。

5. 软件设置

（1）电脑开机。

（2）插入加密狗。

（3）打开专用软件。

（4）点击 file。

（5）点击 new scan session。

（6）点击 new 设置一个新的 location ID 以便查找。

（7）在 scantype 中选择 ALOKA SSD500V w/2x。

（8）点击 OK 键确认。

（9）点击 tools。

（10）选择并点击 calibrate capture device。

（11）点击 auto calibrate 及 Save calibrate。

（12）点击 exit 点击 options。

（13）选择 mesurement unite。

（14）选择 metric 并点击。

（15）点击 OK 键确认（图 2–21）。

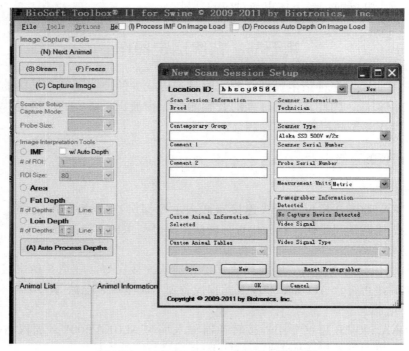

图 2-21　ALOKA 500V B 超软件设置图例

C 第二章 育种操作技术规范
hapter 2

二、测定步骤

1. 流程

（1）连接 ALOKA 500V B 超仪各部件。

（2）接通电源。

（3）打开电脑进行软件设置与校正。

（4）打开 ALOKA500VB 超仪进行参数设置。

（5）检查参数。

（6）保定待测猪个体。

（7）确定测定部位。

（8）涂超声胶。

（9）获取并冻结图像。

（10）测量图像。

（11）记录结果。

（12）保存图像并使用软件测量。

（13）关机。

（14）清洁探头。

（15）整理设备。

（16）保存设备。

2. 保定待测个体

按照《NY/T 822—2004 种猪生产性能测定技术规程》的规定，活体背膘厚测定个体重应为 85～115 kg，测定时，使用保定器或单体测定称将待测猪只站立保定，保持猪只背腰相对平直。

3. 确定测定部位

按照《NY/T 822—2004 种猪生产性能测定技术规程》的规定，使用 B 超测定背膘厚时，测定的部位是倒数第 3～4 肋骨间距背中线 5 cm 处。

4. 涂超声胶

待测猪只保定于单体测定称并确定测定部位后，将专用超声胶均匀地涂抹在测定部位。

5. 获取并冻结图像

将探头置于测定部位，仔细观察显示图像中肋骨的位置，当确认测定部位，按键盘上的冻结键（freeze）冻结该图像，按 ID 键输入测定猪只的个体号。

6. 设备测量

（1）用 trackball 将光标移至测量部位起点。

（2）按 MARKREF 键。

（3）用 trackball 键将光标移至测量部位重点。

（4）记录结果。

（5）在软件上点击 capture image 保存图片到电脑文件夹。

（6）重复上述操作直至全部测量完毕。如冻结图像不理想，可按冻结键删除图像后重新获取新的图像。

7. 软件测量

（1）打开软件。

（2）点击 file。

（3）点击 open scan session。

（4）打开要找的 location ID 及 scan date。

（5）在右侧 animal images 图像中选取需要测量的图像。

（6）选择合适的测量方法、测量工具和计量单位，移动光标进行测量，测量结果自动记录在左侧的表格中。

（7）软件测量的精度为 0.01 mm，高于 B 超仪直接测量的精度 1 mm（图 2-22）。

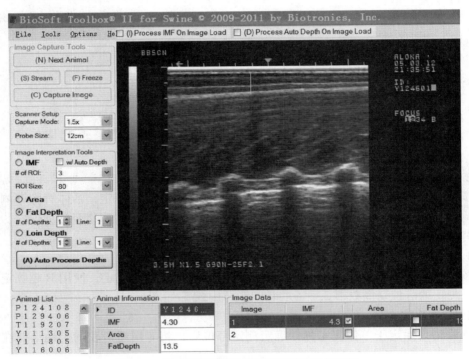

图 2-22　测定种猪背膘时 B 超仪屏幕显示图例

三、注意事项

1. 环境

ALOKA SSD 500V B 超仪正常运行的环境温度为 10 ～ 40℃，相对湿度 30% ～ 75%。

2. 探头

严禁碰撞、摔伤、撞击或损伤探头，使用前和使用后要用纸巾清洁探头的测定区，不能用含有腐蚀性的化学试剂或有刺激的清洁用品清洁，也不能在硬物上摩擦。

3. 操作

测量时探头不能压得过紧也不能过松，应松紧适度，以轻轻将探头防止在测定部位上，并保持探头和测定部位完全密合为宜。

4. 保存

ALOKA SSD 500V B 超仪应存放在干燥通风、环境良好的地方，避免强光照射和腐蚀性气体侵蚀，如存放时间满 6 个月，则应去除通电 4 h 以上，以免 B 超仪受潮而影响其性能。

第六节 种猪群淘汰鉴定

为了充分利用母猪的生产性能，使其达到最大化，母猪合理的胎龄结构有着重要的作用。因此，根据种猪的更新率，结合各胎次的具体情况，有必要对种猪群进行淘汰。淘汰的标准和鉴定流程如下。

一、种猪群主动淘汰标准

（1）超过 9.5 月龄（即 285 日龄）经过激素和药物催情处理仍未发情的后备母猪。

（2）头胎断奶后 49 d 不发情的母猪；2、3、4、5 胎断奶后 42 d 不发情的母猪，6 胎以上断奶后 21 d 不发情的母猪。

（3）2 胎以上的母猪（母系猪），连续 2 个胎次活仔数低于 8 头的个体，需淘汰。

（4）配种后连续 2 次返情、屡配不孕的母猪。

（5）好斗、有伤人倾向比较严重的母猪。

（6）遗传评估结果在整个群体排名在后 10% ～ 30% 的种母猪，根据猪场实际情况适当调整。

（7）因母猪泌乳和母性问题连续 2 次累计 3 次哺乳仔猪成活率低于 60% 的经产母猪。

（8）体况极差的母猪经短期调整无效果，例如，过肥（超过 4 分膘）或过瘦（低于 2 分膘）。

（9）母猪的使用期有一定的年限，通常要淘汰已连续产 6 胎的母猪，如果母猪的母性、产仔数量、哺乳质量等特别好，可以延长淘汰时间，但最长不能超过 8 胎。

（10）淘汰母性不强、拒哺、弃仔、食仔，并屡教不改的母猪。

（11）难产、子宫收缩无力，产仔困难，连续 2 胎以上需要人工助产的母猪（分娩卡上标注）。

（12）淘汰鉴定必须由生产主管或技术人员进行现场鉴定，并签字生效，交配种妊娠舍处理。

二、种猪群的主动淘汰鉴定

每周断奶后各场及时将数据录入平台，生产部相关人员通过平台的母猪分级，根据繁殖指数进行排名，结合母猪的胎次、繁殖指数的排名确定淘汰种猪的猪号，淘汰指导及时反馈给各场，各场结合猪只的体况进行主动性的淘汰（图 2-23）。

序号	个体号	状态日期	当前状态 ▼	当前... ▼	繁殖指数	当前情期	转入日期
	LL-BBSCN-10-003908	2013-10-03	断奶母猪	7	175.46	0	2010-01-
	LL-BBSCN-10-000216	2013-09-19	断奶母猪	7	117.37	0	2010-06-
	LL-BBSCN-09-057810	2013-10-03	断奶母猪	7	136.21	0	2009-09-
	LL-BBSCN-10-040802	2013-10-03	断奶母猪	6	86.30	0	2010-08-
	LL-BBSCN-10-025004	2013-10-03	断奶母猪	6	84.43	0	2010-05-
	LL-BBSCN-10-056302	2013-08-15	断奶母猪	5	108.97	0	2010-10-
	LL-BBSCN-11-030414	2013-10-03	断奶母猪	4	118.05	0	2011-06-
	LL-BBSCN-11-030402	2013-10-03	断奶母猪	4	109.62	0	2011-06-
	LL-BBSCN-11-060302	2013-10-03	断奶母猪	3	80.38	0	2011-11-
	LL-BBSCN-11-056304	2013-09-26	断奶母猪	3	120.10	0	2012-04-
	LL-BBSCN-11-055314	2013-09-26	断奶母猪	3	109.81	0	2012-04-
	LL-BBSCN-11-048006	2013-10-03	断奶母猪	3	69.34	0	2011-09-
	LL-BBSCN-12-019302	2013-10-03	断奶母猪	2	96.62	0	2012-04-
	LL-BBSCN-12-013106	2013-10-03	断奶母猪	2	106.53	0	2012-03-
	LL-BBSCN-11-030010	2013-10-03	断奶母猪	2	115.58	0	2011-06-
	LL-BBSCN-12-038916	2013-08-15	断奶母猪	1	96.88	0	2012-08-
	LL-BBSCN-12-038710	2013-09-26	断奶母猪	1	92.77	0	2012-08-
	LL-BBSCN-12-038502	2013-08-28	断奶母猪	1	62.46	0	2012-08-
	LL-BBSCN-12-038204	2013-09-12	断奶母猪	1	94.54	0	2012-08-
	LL-BBSCN-12-036712	2013-09-19	断奶母猪	1	142.89	0	2012-07-
	LL-BBSCN-12-024006	2013-08-08	断奶母猪	1	113.60	0	2012-05-

图 2-23　种猪淘汰列表输出示例图

三、种猪群的被动淘汰标准

（1）淘汰患有肢蹄、先天性生殖器官疾病的后备母猪和经产母猪患有乳房炎、子宫炎、阴道炎，泌乳能力下降，经药物处理而久治不愈的母猪。

（2）蹄疾病或肢蹄受伤产生障碍，有关节炎、行走困难或不能正常行走的母猪，及患病 15 d 以上未能恢复的母猪。

（3）发生严重传染病的母猪。

（4）猪瘟、伪狂犬病和蓝耳病抗原阳性的种猪以及布病阳性猪只。

（5）先天性骨盆狭窄、经常难产的母猪。

（6）连续 2 次或累计 3 次妊娠期习惯性流产的母猪。

（7）种猪群的被动淘汰鉴定。严格执行种猪淘汰标准，场内正常淘汰种猪应由专人负责（生产主管），或生产主管临时授权技术员负责，负责淘汰种猪的技术员应向主管生产的副场长申请，描述淘汰原因，经场长、副场长和技术员三方签字后，方可淘汰。淘汰确认单要包括淘汰猪个体号、淘汰时间、淘汰原因及三方签字，若场长临时不在现场可由场长委托副场长全权代理。

第七节 个体耳标佩戴操作

耳标是种猪的"身份证",应该有统一的佩戴标准,包括耳标的书写和佩戴。

1. 耳标的书写

种猪的耳标应该用专用的油性记号笔书写,书写的内容及顺序依次为种猪的品种、出生年份、窝号、个体号4个内容。品种用大写英文首字母表示,如大白猪(Yorkshire pig)为Y,长白猪(Landrace pig)为L。出生年份用英文字母(A、B、C等)表示,如A表示2000年,B表示2001年,依次用字母表示对应的出生年。窝号用4位数字表示,不足4位的用0补齐,如第20窝,用0020表示。个体号为2位数字,不足2位的用0补齐,公猪个体用奇数,母猪个体用偶数,如第1个个体为公猪,用01表示。现举例说明一头种猪的耳标书写:2000年出生的第20窝第3个个体大白种公猪,耳标为YA002003。在耳标的正、反面都写耳标号,便于查看。

2. 耳标的佩戴

种猪耳标的佩戴应该统一在种猪的右耳,佩戴时注意不要损伤血管。

第三章

兽医操作技术规范

第一节　猪群观察

对猪群进行观察是种猪饲养管理过程中不可缺少的一个重要环节，在观察猪群的过程中如发现问题应及时逐级汇报，以便于采取有效的防治措施，把疾病控制在最小范围内，损失降低到最低程度。对猪群的观察主要有以下几方面。

一是群体观察。对群体进行观察，可以及时地发现饲养管理、饲料、饮水等存在的问题并能及早发现疫情，如猪群中超过 10% 的猪只采食量下降，可能是饲料和水源出现问题或发生疫情；如猪群中超过 10% 的猪只出现咳、喘或拉稀，可能是发生呼吸道或消化道疾病；如猪群扎堆、精神萎靡可能是猪舍温度太低或发生发热性疾病等。

二是个体观察。对个体的观察除要考虑到群体可能出现的现象外，应从以下几个方面观察。

一、种公猪、空怀及妊娠母猪的观察

最好的观察时间是在喂料的同时，由于种猪群都是限量饲喂，猪只比较饥饿，在喂料时都抢着吃料，所以采食阶段是最佳的观察时间。

（1）精神状态：健康的猪只在喂料时都发出叫声，爬栏拱圈、来回转圈、相互撕咬、拥挤（种公猪除外）、不停地排大小便，当料槽里喂上饲料时争相采食，有的猪边吃料边饮水。如果在喂料时猪只没有上述反应，饲养人员应立即进圈进行哄赶，查看其起卧有无困难并及时记录好圈号、耳号、品种等并及时通知兽医或相关人员做进一步地诊断。

（2）呼吸：健康猪只呼吸均匀，如果出现咳、喘、腹式呼吸或呼吸困难均有可能是猪舍环境差，原发性或继发性呼吸道疾病等造成。

（3）采食和饮水：健康的猪只在喂料时争着吃料并有抢食的行为，一直到料槽的料吃干净为止。当猪把料槽里的饲料吃干净以后开始饮水，每次饮水持续时间为 2 ~ 3 min。有的猪边吃料边饮水。如果猪只在喂料时也有很大的采食欲望，但采食量低并且烦躁不安，饲养人员应立即检查供水系统是否正常。如果供水系统不正常会导致猪的采食量下降，甚至拒食并且粪便干燥、毛色发戗。

（4）粪便：健康猪只的粪便松软成型，如果出现干粪球和稀便可能是饲料粗纤维不足或消化道疾病。

（5）体表：观察猪只身上有无出血点、斑痕、水泡、脓包、外伤、乳头或阴门有无发紫，发现后及时给予治疗和处理。健康猪的被毛顺溜光亮、平整，如果被毛粗乱、发干、无光泽可能是饲料缺乏营养或有疾病的表现。

（6）眼睛：健康猪的眼睛明亮有神，如果猪的眼睛潮红、有眼屎、泪斑等可能是猪舍氨气等有害气体浓度大、灰尘多或猪患有发热性疾病。

（7）肢蹄：健康猪起卧、活动正常，如果猪只出现起卧困难、行走跛行等现象，应检查猪肢蹄只是否有外伤、蹄裂、脚垫、水泡（口蹄疫最主要的症状）等，应及时地给以治疗和处理。

（8）卫生：观察猪只体表及圈舍的干净程度。

（9）注意圈内猪只有无咬尾现象，发现后及时进行隔离和治疗，并在圈内设置防止咬尾的玩物。

（10）每天上下班清点圈舍内猪只数量。

二、哺乳母猪

哺乳母猪的观察基本和种公猪、空怀及怀孕母猪的观察一样，但要注意母猪在产前、产后 1～3 d 的观察。

（1）由于母猪在产前体重大，同时母猪在产床上的活动范围特别小，再加上产床比较光滑，所以有的母猪起卧比较困难，甚至在喂料时也不想起，因此要求饲养员对母猪的起卧给以辅助。首先让母猪的前体起来，然后用手拽着尾巴帮辅助母猪站立。另外母猪在产后由于体力消耗较大，也不想站起，应给以人工辅助站立。

（2）母猪产仔全程的观察：避免因难产发生不必要的损失。

（3）对母猪产后胎衣是否全部排下的观察：母猪排出的胎衣数和产出的仔猪数相同。

（4）对母猪产后一周之内生殖道排泄物的观察：母猪恶露的排出一般需要 3～5 d，并且清亮。如果母猪在产后一周仍有分泌物不断地排出，说明母猪的生殖道发生了炎症，必须及时治疗。

（5）对母猪产后泌乳性能的观察：正常母猪的乳腺呈杯状且乳头膨大。当母猪放奶时，小猪可以迅速地吸吮 6～10 s，并且小猪吃完奶后自动休息或玩耍，说明母猪的奶水充足。如果母猪在放奶后小猪仍叼着乳头不放，并且不断地拱母猪乳腺且小猪的鼻端比较脏，说明母猪的奶水不好或无奶，应及时地调整母猪饲料的营养或饲喂量并及时地把小猪寄养出去。

（6）对母猪母性的观察：有的母猪在产仔过程或产后攻击小猪和不让小猪吃奶（一般 1 胎猪多见），对有这种现象的母猪要人工训练，经常抚摸母猪的腹部和乳房，经过 1～2 d 就可以训练好，对经过训练仍没有效果的母猪应淘汰。

（7）对母猪乳房的观察：母猪在产前、产后都有可能发生乳房炎，最明显的症状是母猪乳房肿胀、发硬、发热。对有乳房炎的母猪应及时治疗，以免影响母猪乳汁的质量及仔猪的生长发育。

三、哺乳仔猪的观察

除种猪群的观察项目外，重点要注意观察以下几点。

（1）查看仔猪躺卧的姿势，掌握产仔舍的温度。如果产仔舍（或保温箱内）的温度适宜，则小猪均匀地躺卧在一起，既不扎堆也不分散；如温度太低，则小猪扎堆，互相挤压在一起或卧在母猪腹部取暖；如温度太高，小猪则远离保温箱和母猪，分散地躺卧在产床的各个部位。

（2）观察仔猪的被毛和皮肤：小猪在出生后5～7d，一般表现被毛稀、短而光亮、皮肤红润。如果小猪皮肤发白且被毛粗、长、没有光泽，可能是小猪缺铁或母猪奶水不好和少奶。

（3）根据小猪鼻端是否干净，确定母猪的泌乳量。如果小猪的鼻端特别脏，可以断定母猪奶水不好或少奶。由于母猪奶水不好或少奶，导致小猪长时间地拱母猪乳房，小猪的鼻端较湿，一些灰尘和脏物黏附到鼻子上，导致小猪鼻端脏。

（4）查看产床床面、保温箱垫板及仔猪身体来判断小猪拉稀的程度：有的小猪一出生就出现拉稀的现象，由于粪便较稀，基本呈水样，这种现象不易发现。有的在出生后5～7d或20d左右开始拉稀，这种现象容易发现。主要根据小猪的外部特征和生长发育来观察，如果小猪出生就拉稀则表现为脱水、消瘦、精神痴呆、不愿活动。此种情况小猪肛门基本干净，只有拿起小猪撩起尾巴才能发现，表现为肛门松弛、潮湿，同时小猪叫唤时从肛门排出稀粪。另外小猪被毛较脏，保温箱潮湿，也有的小猪卧在母猪的肚子上。当小猪在7日龄以后拉稀时可根据母猪产床上的粪便形状就可以发现。

（5）猪舍有无贼风：主要观察门窗、墙壁及顶棚有无漏风的地方。

四、育成、育肥猪群观察

育成、育肥猪群观察的内容和方法基本和种猪类似，就是在观察时间上不同。育成猪群的观察时间基本上分成两段：一是在打扫圈舍卫生时可以对猪群进行观察，这时要把猪只赶起来，便于观察猪只的各种行为；二是在上午10：00和下午4：00对猪只进行观察，由于这段时间是猪只采食和活动最活跃的时间，便于观察猪只的各种行为。

五、对猪群进行观察总结

（1）看神态，健康猪精神好，尾巴上翘并甩动自如；病猪则精神萎靡，行动迟缓，喜卧不动，尾巴下垂。

（2）看食欲，健康猪食欲旺盛；如食欲突然减退，吃食习惯反常，甚至停食是病态表现；若食欲减少，喜欢饮水，则多为热性病。

（3）看皮毛，健康猪皮毛光滑，皮肤有弹性；若皮毛干枯、粗乱无光，则是营养不良或生病；若皮肤上出现红斑或出血点，就有可能是猪瘟、猪丹毒、猪肺疫或猪副伤寒等传染病；若皮肤肥厚粗糙、有落屑发痒，则多为疥癣和湿疹；如有异常脱毛和秃毛，常是慢性病和皮肤病。

（4）看眼睛，健康猪两眼明亮有神；病猪眼睛无神，有泪，带眼屎，眼结膜充血潮红。

（5）看鼻液，无病的猪没有鼻液；有病的猪鼻流清涕，多为风寒感冒，鼻涕黏稠是肺部有热的表现，鼻液含泡沫，是患有肺水肿或慢性支气管炎等疾病。

（6）看鼻突，鼻吻突清亮、光洁、湿润为无病猪，若干燥或龟裂，多是高热和严重脱水的表现。

（7）看体温，健康猪体温一般是 38.0～39.5℃（直肠温度），体温过高，多系传染病；过低则可能营养不良，贫血，寄生虫病或濒死期。

（8）看粪便，健康猪粪便柔软湿润，呈圆锥状，没有特殊气味；若粪便干燥、硬固、量少，多为热性病；粪便稀薄如水或呈稀泥状，排粪次数明显增多，或大便失禁，多为肠炎，肠道寄生虫感染；仔猪排出灰白色、灰黄色或黄绿色水样粪便并带腥臭味，为仔猪白痢，猪瘟等传染病。

（9）看尿液，健康猪尿液无色透明，无异常气味；病猪尿液少且黄稠。

（10）看睡姿，健康猪一般是侧睡，肌肉松弛，呼吸节奏均匀。病猪常常整个身体贴在地上，疲倦不堪地俯睡，如果呼吸困难，还会像犬一样坐着。

（11）对猪群的采食量、活动状态、精神状况、排泄物等进行每天 2 次观察，发现问题及时采取有效措施并向有关领导汇报。

（12）根据临床症状要及时治疗患病个体，采取轻症就地治疗、全群用药的原则。坚持重症隔离、没有饲养价值的及时淘汰，做好无害化处理。

第二节　空舍清洁操作规程

为了保证猪舍的清洁卫生，避免疾病的传播，在全进全出的前提下，对空栏（舍）清洁消毒必须遵守以下操作规程。

一、移走设备及清扫干净

（1）移走所有猪只。
（2）拆除及移走补料槽、垫板等设备及工具。
（3）清除排泄物、垫料和剩余饲料，确保清扫干净。
（4）尽可能移走舍内所有物品。

二、清洗

清洗＋首次消毒合二为一（采用清洗型消毒剂）。
（1）喷洒：先用洗涤灵兑水 1：600 的溶液（或发泡表面活性剂）用高压清洗机对墙壁、地面、猪栏和其他设备充分喷雾湿润，浸润 1～2 h。
（2）冲洗：浸润 1～2 h 后用高压水枪彻底冲洗清洗墙壁、地面、猪栏和其他设备。
（3）晾干空舍及用具。

三、空舍消毒

1. 消毒剂的选择使用
（1）病毒感染：过氧乙酸、过氧化物类或碘伏及戊二醛。

（2）脚踏消毒盆：碘类消毒剂，或过氧乙酸，活碱。

（3）熏蒸：过氧乙酸类。

（4）洗手消毒：季铵盐和肥皂。

（5）饮水消毒：过氧乙酸，或过氧化物类。

（6）混凝土表面：酚类。对于表面粗糙破损严重的使用油基苯酚。

（7）装猪台：选择尽可能广谱的消毒剂，过氧乙酸或过氧化物类消毒剂。

（8）运输、收集工具：过氧乙酸。

2. 常规空舍消毒

常规空舍消毒是指猪场生产情况稳定正常，没有发生阶段性猪传染病的消毒方式。

（1）喷洒：使用二氯异氰脲酸钠［1∶（400 ~ 600）稀释］稀释液或其他指定消毒剂自上而下喷洒，保证墙壁、地面及设备和用具均得到消毒，每立方米用消毒液150 ~ 200mL；消毒药必须现配现用，稀释后必须在 2 h 内用完（否则消毒药的有效成分分解得比较快，消毒效果不理想）。

（2）在防疫风险很高的情况下或发生疫病情况下，空舍消毒应按酚类、氯类和醛类三种消毒药使用顺序进行隔天消毒。

（3）晾干：足够的晾干空置时间（3 ~ 7 d）。

（4）定位：各种设备及工具消毒后放回原处。

3. 非常规空舍消毒

非常规空舍消毒是指猪场生产情况不稳定，发生了阶段性猪传染病或猪场周边疫情严重的消毒方式。

（1）喷洒：当周边或本场有 FMD 等病毒性传染病的疫情情况，使用农福消毒液按照 1∶（200 ~ 400）的浓度消毒液，其他疫情威胁使用卫可 S 消毒剂按照 1∶（200 ~ 300）的稀释浓度，自上而下喷洒，保证墙壁、地面及设备和用具均得到消毒，每立方米用消毒液 150 ~ 200mL；消毒药必须现配现用，稀释后必须在 2 h 内用完（否则消毒药的有效成分分解得比较快，消毒效果不理想）。

（2）晾干：足够的晾干空置时间（5 ~ 7 d）；

（3）定位：各种设备及工具消毒后放回原处。

四、熏蒸空气消毒

（1）每立方米空间用 42 mL 甲醛和 21 g 高锰酸钾（或强力熏蒸剂 2 ~ 3 g/m^3）对空舍密闭熏蒸 24 h 后进行通风待用；熏蒸消毒剂所在的消毒空间放置地点要均匀分布。

（2）空气消毒的意义如下：

①病原微生物可以在空气悬浮微粒中生存，悬浮微粒是病原的重要载体。

②口蹄疫可传播至少 20 km，伪狂犬可传播 9 km，肺炎支原体可传播 3 km。

③当空气相对湿度在 55% 时，病原微生物的存活时间比相对湿度 85% 时更长。

④在干燥的季节要加强消毒，尤其是口蹄疫，多在冬春季节流行，刮风后必须消毒。

（3）熏蒸消毒要特别注意操作人员的安全，事先设计好操作人员的退出路线，做好预案。

（4）熏蒸消毒适用范围：空舍消毒、饲料储存的消毒、进舍前物品（兽药、器械等）消毒。

五、清洁供水系统

（1）定期对饮水线消毒。

（2）排空：将供水系统中剩余水排空。

（3）清除：尽可能清除水箱、水管内的所有污物。

（4）消毒剂：最好使用过氧乙酸类消毒剂。

（5）浸泡：浸泡时间不得低于 20 min。

（6）排空：浸泡后排除废水。

（7）加水：重新补充新水后，再次排出以洗净水箱内壁黏附的残余消毒液；如此重复洗刷 3 次直到水箱内壁黏附的消毒液浓度在安全饮水范围内。

六、清除寄生虫（卵）

如上批猪只发生寄生虫病（球虫）较严重的话，必须严格清除杀灭栏舍内的寄生虫（卵）。

1. 清除

（1）重点清理拐角处的昆虫、螨虫、甲虫等。

（2）清理球虫及球虫卵。

（3）其他寄生虫。

2. 使用消毒剂

（1）选用一种杀虫功能高效的消毒剂或多种联合使用，如表 3-1 所示。

表 3-1 有毒剂及其致死量

消毒剂名称	稳定性液态二氧化氯	臭氧	液氯	过氧化氢
致死量 /（mg/L）	10	10	50	300

（2）采用高浓度消毒液对墙面和地面彻底喷洒。

3. 使用杀虫剂

如球虫净、球虫灵等。

第三节　淘汰猪管理规程

为了保障猪场生产顺利有序地进行，保证猪群生产结构的科学性和合理性，保障猪群最佳生产结构，为创造更多的经济效益，特制定本规程，望各猪场认真执行。

一、种猪淘汰标准

（1）种公猪：老龄猪年龄在 2 岁以上；性欲低下；精液品质差；配种能力弱；有遗传疾患；肢蹄病多；长期有疾病。

（2）种母猪：生产性能低（平均窝产仔8头以下、泌乳力弱）；屡配不孕（配种2次以上）；严重乳房炎；高胎龄（7胎以上）；肢瘫；生殖道炎症（久治不愈）；长期不发情（采取多种方法后）；有遗传疾患；母性差。

（3）参考种猪群淘汰鉴定。

二、生长猪淘汰标准

体重在15 kg以上有疾病（久治不愈）、生长发育缓慢（僵猪），为了不影响猪群的正常生产和避免疾病的蔓延，都可以进行淘汰。

三、淘汰申请程序

（1）所有淘汰的种猪首先由种猪段负责人提出并确定认可签字，然后报场长确定认可并签字。

（2）所有淘汰的种猪必须注明耳号、品种、性别、相片（可发邮件）、利用年限（♀—胎次、♂—年龄）、淘汰原因、淘汰前状态及采取的措施。

（3）把所有要淘汰的猪只报生产部和销售部，经生产、销售部经理确定认可，通知猪场后方可淘汰。

四、销售方式

采取招标的方式，每半年进行一次。

五、销售价格

价格由公司统一制定，每周定价一次，每周拟订好价格上报给上级主管，主管批示后方可按价售猪。

六、销售程序

各猪场在出售淘汰猪前，必须向买猪人员预收猪款，实行多退少补的原则，同时开具出库单，由三方签字（猪场统计、买猪人、销售部人员），出库单必须注明头数、体重、价格。

七、淘汰猪应遵循的原则

（1）种猪淘汰后必须认真做好记录，并立即从种猪档案中注销此猪。

（2）严禁出售已经死亡的猪只，否则一切后果自己负责。

（3）严禁猪场内部人员与买猪人进行不正当交易，一经发现由各场场长给予严肃处理并解除劳动合同。

（4）严禁私自出售未经上级主管部门批准的猪只。

（5）紧急状况下的淘汰猪（濒死、难产等），应及时通知销售部，销售部应及时对应急淘汰猪进行处理。

八、种猪淘汰申请表（表3-2）

表 3-2 种猪淘汰申请表

场名						申请时间		
淘汰数量					公		母	
耳号	品种	性别	利用年限		淘汰原因		淘汰前状况及采取措施	
			胎次	年龄				

种猪段负责人意见：

签字： 年 月 日

场长意见：

签字： 年 月 日

生产部意见：

签字： 年 月 日

第四节 猪只治疗操作规程

在猪群的饲养管理过程中，由于环境、饲养、管理、营养、疾病等诸多因素的影响，个别或群体猪只不同程度地表现出临床症状，为了使猪机体不表现临床症状或减轻临床症状，从而达到防病、治病的目的，需要通过饮水给药、饲料给药、注射给药等途径对猪只进行治疗，减少损失，但需要遵守以下操作规程。

一、治疗原则

"五不，三加强"原则，即：无法治愈的病猪不治；治疗花费高的病猪不治；经济价值不高的病猪不治；病因不明且是新发病的病猪不治；传染性强、危害性大的病猪不治；加强饲养管理；加强防疫、消毒措施；加强观察、监测措施。

二、用药原则

能注射治疗的尽可能注射治疗，能饮水用药就不饲料用药。准确判断病因，对因下药，否则既花钱又无效。轮换用药，避免同一猪群长期使用一种药，以提高疗效、减少耐药性。正确使用抗生素药物剂量，除首次加倍外，不能任意加大使用量。使用药物时，要注意药物的配伍禁忌，不要随意同时使用多种药物。任何药物的使用都有一定的用药疗程，不能随意减少用药时间及次数。

三、病猪临床检查

如体温、食欲、精神、粪便、呼吸、心率等全身症状的检查，然后做出正确的诊断。

四、诊断后及时对因对症用药，有并发症、继发症的要采取综合措施

五、久治不愈或无治疗价值的病猪及时淘汰

第五节　饮水给药操作规程

本方法适用于预防、保健和治疗。

一、药物的称取

根据猪群的日龄或体重大小、药物的使用说明、容器的大小来称取药物的使用量。

二、药物的溶解

（1）把称取好的药物先用小的容器把所要加的药物溶解，再倒入大的饮水容器。
（2）检查饮水器底部是否有残留的药物，若有需要进行清理干净。
（3）打开进水开关放水进饮水容器，水满后关掉进水开关，然后打开出水开关。

三、注意观察，猪只饮用完及时补加

四、一般给药 3～5 d，最多一周

待猪群恢复正常后，停止给药，恢复到原来的正常饲养管理程序。

五、对给药设备进行清洗和保养，备用

六、饲喂时注意观察猪群情况，发现异常立即停药并采取相应措施

七、注意事项

（1）药物的选择：根据猪群健康状况，选择适宜的且易溶于水的药物来饮水保健。

（2）了解药物的相互作用，在饮水期间对免疫疫苗有无副作用。

（3）了解药物的保健量和治疗量。

（4）对于有分层的要勤加少溶，对于不分层的可以多溶多加。

（5）为了使药物能充分被猪利用可采取间断性给水。

（6）给药前必须停水 1～2 h。

第六节　饲料给药操作规程

本方法适用于预防、驱虫、保健。

一、人工拌料加药

（1）把地面打扫干净，铺设适度大小的塑料薄膜。

（2）按药物说明和使用原则，按料药比 50∶1 的原则进行预混，反复搅翻 10～15 次。

（3）按（2）的方法对料药混合物与饲料进行第二次预混，依次类推，直到达到药料比例。

（4）预混好后清理干净场地并装袋待喂。

（5）饲喂时必须少加勤填。

（6）一般给药 3～5 d，最多一周。

（7）饲喂时注意观察猪群情况，发现异常立即停药并采取相应措施。

二、机械加工给药

（1）按药物说明和使用原则，一次性按药料比例将药物投放到设备中，对药物和饲料进行预混，预混时间一般为 5～8 min。

（2）预混好后清理干机器并装袋待喂。

（3）饲喂时必须少加勤填。

（4）一般给药 3～5 d，最多一周。

（5）饲喂时注意观察猪群情况，发现异常立即停药并采取相应措施。

第七节　注射给药操作规程

一、治疗程序

（1）确定猪只耳号、日龄、圈舍或单元。

（2）稀释或配制药物。

二、保定或相对固定猪只

（1）哺乳仔猪：左手抓住猪的后腿，将其置于腋下夹住，暴露注射部位，消毒，注射。

（2）8～25 kg 保育仔猪：个别治疗操作，面对猪站立，左手抓住猪的腹股沟皮肤，顺势将左腿插入猪的两前腿之间，让猪向后退至栏杆，致使猪只不能前进和后退，过程中让猪的前蹄稍离地或完全离地，这样猪的挣扎会减轻，暴露注射部位，消毒，注射；群体普免或群体普遍治疗，使用挡猪板将一栏猪全部轰赶至猪栏的角落处，使其相对固定不动的情况下，进行注射，每注射完成一头要使用颜色标记猪只。

（3）25 kg 以上中大猪：可以根据实际情况，必须用挡板格将猪缩小至圈栏角落处，用挡猪拍子使猪相对固定不动，再进行注射，同时做好注射猪的颜色标记，严禁在追逐猪的过程中进行注射或"打飞针"。

三、确定注射药物的剂量及针头的规格

四、对注射部位进行碘酒消毒

一般采用沾有 10% 碘酊的消毒棒由中间向外围逐渐进行消毒，同时也是对猪只进行注射的预刺激，反复几次，当猪适应后，会减少对注射的反抗，有利于注射的顺利进行，保证注射效果。

五、在消毒好的部位进行药物注射

当猪只对注射药物的行为适应后，采用注射器与地面平行、垂直进针的方法注射，动作必须轻、快而有力，且用力方向与针头保持一致。

六、注射完毕后检查有无漏液，并再次对注射部位进行一次消毒

七、做好记录

八、注射方法示图（图3-1）

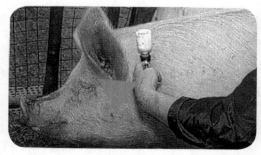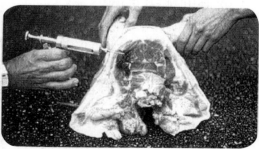

正确的注射角度：与注射部位正切面垂直

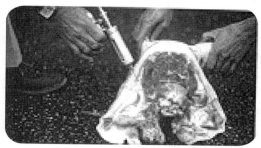

注射部位太高、角度不正确　　　　　　　　　倾斜注射，药液可能无法进入肌肉

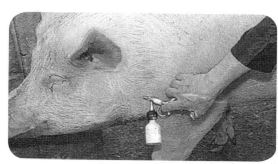

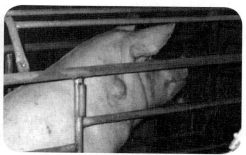

注射部位太低，药液可能进入脂肪或腮腺造成吸收缓慢或局部肿胀甚至出现脓包

图 3-1　正确和错误的注射方法图示

九、针头的选择

（1）对猪只进行药物注射时必须选择规格合适的针头，如果选择的针头不合适将影响药物的吸收和疗效。不同阶段的猪只所用的针头如图 3-2 所示。

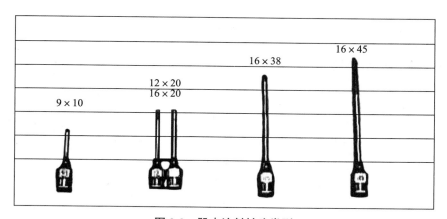

图 3-2　肌肉注射针头类型

（2）不同阶段的猪只注射部位及针头类型如表 3-3 所示。

表 3-3　注射方式与针头类型

注射方式	针头长度 /mm
肌肉注射	
哺乳仔猪	9×10 或 9×12 或 9×13
断奶仔猪	12×20 或 12×25（黏稠药液）
育成猪	12×25
育肥及后备公、母猪	16×38
基础母猪、公猪	16×45
皮下注射（各阶段猪只）	12×（20～25）

十、药物注射应注意的问题

（1）使用前要仔细检查药物瓶口和胶盖封闭是否完好、是否过期。

（2）仔细阅读药物的说明书，使用方法、用量按必须符合免疫程序规定的要求，确定用量，用规定的稀释液稀释或溶解；按规定使用途径使用。

（3）可能的不良反应，用后要注意观察猪群情况，在注射药物时应备好抗过敏药物，发现异常应及时处理。

（4）废旧注射器、针头、空瓶必须及时处理（煮沸或集中收集交由专业公司处理）。

（5）稀释后的药物没有用完必须废弃（煮沸或集中收集交由专业公司处理）。切忌在猪舍内乱扔乱放。

（6）注意自身安全。

（7）认真做好药物注射记录。

（8）及时取出断针。

（9）切实做好注射部位、注射器和针头消毒。

十一、兽用常用药物配伍禁忌表（表 3-4）：

表 3-4　兽用常用药物配伍禁忌表

分类	药物	配伍药物	配伍使用结果
青霉素类	青霉素钠盐、青霉素钾盐、氨苄西林类、阿莫西林类	喹诺酮类、氨基糖苷类、（庆大霉素除外）、多黏菌类	效果增强
		四环素类、头孢菌素类、大环内酯类、氯霉素类、庆大霉素、利巴韦林、培氟沙星	相互拮抗或疗效相抵或产生副作用，应分别使用、间隔给药
		维生素 C、维生素 B、罗红霉素、维生素 C 多聚磷酸酯、磺胺类、氨茶碱、高锰酸钾、盐酸氯丙嗪、B 族维生素、过氧化氢	沉淀、分解、失败

续表 3-4

分类	药物	配伍药物	配伍使用结果
头孢菌素类	"头孢"系列	氨基糖苷类、喹诺酮类	疗效、毒性增强
		青霉素类、洁霉素类、四环素类、磺胺类	相互拮抗或疗效相抵或产生副作用，应分别使用、间隔给药
		维生素C、维生素B、磺胺类、罗红霉素、氨茶碱、氯霉素、氟苯尼考、甲砜霉素、盐酸强力霉素	沉淀、分解、失败
		强利尿药、含钙制剂	与头孢噻吩、头孢噻呋等头孢类药物配伍会增加毒副作用
氨基糖苷类	卡那霉素、阿米卡星、核糖霉素、妥布霉素、庆大霉素、大观霉素、新霉素、巴龙霉素、链霉素等	抗生素类	本品应尽量避免与抗生素类药物联合应用，大多数本类药物与大多数抗生素联用会增加毒性或降低疗效
		青霉素类、头孢菌素类、洁霉素类、TMP	疗效增强
		碱性药物（如碳酸氢钠、氨茶碱等）、硼砂	疗效增强，但毒性也同时增强
		维生素C、维生素B	疗效减弱
		氨基糖苷同类药物、头孢菌素类、万古霉素	毒性增强
	大观霉素	氯霉素、四环素	拮抗作用，疗效抵消
	卡那霉素、庆大霉素	其他抗菌药物	不可同时使用
大环内酯类	红霉素、罗红霉素、硫氰酸红霉素、替米考星、吉他霉素（北里霉素）、泰乐菌素、替米考星、乙酰螺旋霉素、阿奇霉素	洁霉素类、麦迪素霉、螺旋霉素、阿司匹林	降低疗效
		青霉素类、无机盐类、四环素类	沉淀、降低疗效
		碱性物质	增强稳定性、增强疗效
		酸性物质	不稳定、易分解失效
四环素类	土霉素、四环素（盐酸四环素）、金霉素（盐酸金霉素）、强力霉素（盐酸多西环素）、脱氧土霉素、米诺环素（二甲胺四环素）	甲氧苄啶、三黄粉	稳效
		含钙、镁、铝、铁的中药如石类、壳贝类、骨类、矾类、脂类等；含碱类、含鞣质的中成药、含消化酶的中药如神曲、麦芽、豆豉等；含碱性成分较多的中药如硼砂等	不宜同用，如确需联用应至少间隔2h
		其他药物	四环素类药物不宜与绝大多数其他药物混合使用

 规模化猪场现场管理及技术操作规范

续表 3-4

分类	药物	配伍药物	配伍使用结果
氯霉素类	氯霉素、甲砜霉素、氟苯尼考	喹诺酮类、磺胺类、呋喃类	毒性增强
		青霉素类、大环内酯类、四环素类、多黏菌素类、氨基糖苷类、氯丙嗪、洁霉素类、头孢菌素类、维生素B类、铁类制剂、免疫制剂、环林酰胺、利福平	拮抗作用，疗效抵消
		碱性药物（如碳酸氢钠、氨茶碱等）	分解、失效
喹诺酮类	吡哌酸、"沙星"系列	青霉素类、链霉素、新霉素、庆大霉素	疗效增强
		洁霉素类、氨茶碱、金属离子（如钙、镁、铝、铁等）	沉淀、失效
		四环素类、氯霉素类、呋喃类、罗红霉素、利福平	疗效降低
		头孢菌素类	毒性增强
磺胺类	磺胺嘧啶、磺胺二甲嘧啶、磺胺甲恶唑、磺胺对甲氧嘧啶、磺胺间甲氧嘧啶、磺胺噻唑	青霉素类	沉淀、分解、失效
		头孢菌素类	疗效降低
		氯霉素类、罗红霉素	毒性增强
		TMP、新霉素、庆大霉素、卡那霉素	疗效增强
	磺胺嘧啶	阿米卡星、头孢菌素类、氨基糖苷类、利卡多因、林可霉素、普鲁卡因、四环素类、青霉素类、红霉素	配伍后疗效降低或抵消或产生沉淀
抗菌增效剂	二甲氧苄啶、甲氧苄啶（三甲氧苄啶、TMP）	参照磺胺药物的配伍说明	参照磺胺药物的配伍说明
		磺胺类、四环素类、红霉素、庆大霉素、黏菌素	疗效增强
		青霉素类	沉淀、分解、失效
		其他抗菌药物	与许多抗菌药物用可起增效或协同作用，其作用明显程度不一，使用时可摸索规律。但并不是与任何药物合用都有增效、协同作用，不可盲目合用
洁霉素类	盐酸林可霉素（盐酸洁霉素）、盐酸克林霉素（盐酸氯洁霉素）	氨基糖苷类	协同作用
		大环内酯类、氯霉素	疗效降低
		喹诺酮类	沉淀、失效

续表 3-4

分类	药物	配伍药物	配伍使用结果
多黏菌素类	多黏菌素	磺胺类、甲氧苄啶、利福平	疗效增强
	杆菌肽	青霉素类、链霉素、新霉素、金霉素、多黏菌素	协同作用、疗效增强
		喹乙醇、吉他霉素、恩拉霉素	拮抗作用，疗效抵消，禁止并用
	恩拉霉素	四环素、吉他霉素、杆菌肽	
抗病毒类	利巴韦林、金刚烷胺、阿糖腺苷、阿昔洛韦、吗啉胍、干扰素	抗菌类	无明显禁忌，无协同、增效作用。合用时主要用于防治病毒感染后再引起继发性细菌类感染，但有可能增加毒性，应防止滥用
		其他药物	无明显禁忌记载
抗寄生虫药	苯并咪唑类（达唑类）	长期使用	易产生耐药性
		联合使用	易产生交叉耐药性并可能增加毒性，一般情况下应避免同时使用
	其他抗寄生虫药	长期使用	此类药物一般毒性较强，应避免长期使用
		同类药物	毒性增强，应间隔用药，确需同用应减低用量
		其他药物	容易增加毒性或产生拮抗，应尽量避免合用
助消化与健胃药	乳酶生	酊剂、抗菌剂、鞣酸蛋白、铋制剂	疗效减弱
	胃蛋白酶	中药	许多中药能降低胃蛋白酶的疗效，应避免合用，确需与中药合用时应注意观察效果
		强酸、碱性、重金属盐、鞣酸溶液及高温	沉淀或灭活、失效
	干酵母	磺胺类	拮抗、降低疗效
	稀盐酸、稀醋酸	碱类、盐类、有机酸及洋地黄	沉淀、失效
	人工盐	酸类	中和、疗效减弱
	胰酶	强酸、碱性、重金属盐溶液及高温	沉淀或灭活、失效
	碳酸氢钠（小苏打）	镁盐、钙盐、鞣酸类、生物碱类等	疗效降低或分解或沉淀或失效
		酸性溶液	中和失效

续表 3-4

分类	药物	配伍药物	配伍使用结果
平喘药	茶碱类（氨茶碱）	其他茶碱类、洁霉素类、四环素类、喹诺酮类、盐酸氯丙嗪、大环内酯类、氯霉素类、呋喃妥因、利福平	毒副作用增强或失效
		药物酸碱度	酸性药物可增加氨茶碱排泄、碱性药物可减少氨茶碱排泄
消毒防腐类	漂白粉	酸类	分解、失效
	酒精（乙醇）	氯化剂、无机盐等	氧化、失效
	硼酸	碱性物质、鞣酸	疗效降低
	碘类制剂	氨水、铵盐类	生成爆炸性的碘化氮
		重金属盐	沉淀、失效
		生物碱类	析出生物碱沉淀
		淀粉类	溶液变蓝
		龙胆紫	疗效减弱
		挥发油	分解、失效
	高锰酸钾	氨及其制剂	沉淀
		甘油、酒精（乙醇）	失效
	过氧化氢（双氧水）	碘类制剂、高锰酸钾、碱类、药用炭	分解、失效
	过氧乙酸	碱类如氢氧化钠、氨溶液等	中和失效
	碱类（生石灰、氢氧化钠等）	酸性溶液	中和失效
	氨溶液	酸性溶液	中和失效
		碘类溶液	生成爆炸性的碘化氮

第八节　食管给药操作规程

本方法适用于消化不良、厌食等。

（1）固定好猪只，用专用开口器把猪口腔打开。

（2）把清洗消毒好的胃导管轻轻从猪的食管插进胃里，插导管的时候注意不要插进猪的气管里，鉴别方法如下：插进气管里猪有咳嗽的现象，插导管的时候没有阻力，听导管有回音，用嘴吸导管能吸动；插进食管里猪没有咳嗽的现象，插导管的时候有阻力，并且猪有吞咽的现象，听导管没有回音，用嘴吸不动导管，且有臭味。

（3）确定导管插到胃里后，把药物通过导管灌服到胃里。

（4）轻轻抽出导管，解除猪只保定。

（5）注意观察猪的行为状态。

第九节　生殖道给药操作规程

本方法适用于生殖道疾病、难产、助产等。

一、器械投药

（1）用消毒液和清水将猪只臀部和阴户清洗干净，对器械进行消毒。

（2）将携带药物的器械按照生殖道的结构慢慢送入产道，将药物释放在产道内。

（3）将器械慢慢取出，并对阴户进行消毒。

（4）注意观察猪只状态，重复用药 3 ～ 4 次。

二、徒手投药

（1）用消毒液和清水将猪只臀部和阴户清洗干净，对器械进行消毒。

（2）操作人员指甲不宜过长（指甲过长必须修剪），手臂用消毒液和清水清洗干净，手臂涂抹润滑剂或戴上长臂手套。

（3）将药物放在手心，手心向上，手指并拢呈锥状慢慢旋转将手臂送进猪只产道。

（4）当猪只使劲时，手臂停止前进，猪只不使劲时手臂前进，直到需要用药的位置。

（5）将药物释放到指定位置后，将手臂缓缓抽出，并对阴户和手臂进行消毒。

（6）注意观察猪只状态，重复用药 3 ～ 4 次。

第十节　腹腔补液操作规范

本方法适用于哺乳仔猪。

（1）腹腔补液一般适用于哺乳仔猪，大猪一般很少使用，大猪基本采用站立位和侧卧位，需要保定，腹腔补液，主要用于预防腹泻造成的脱水。

（2）操作方法：倒提仔猪，将针头（9 号以下消过毒的针头）于倒数第 2 个乳头外侧，距离腹白线 2 ～ 5 cm 刺入，回抽针头无血液，无污物，即可快速推入药液。

（3）药物选择腹腔给药宜用等渗药液（如 5% 的葡萄糖溶液，0.9% 的氯化钠）适当配伍无刺激性的药物（如肌苷，维生素 B_1，维生素 C，ATP，辅酶 A）。

（4）哺乳仔猪（尤其是发生腹泻的仔猪）腹腔补液所用的溶液最好置于 37 ～ 40℃ 水浴锅中预热。

（5）每次腹腔补液剂量合理，哺乳仔猪应控制在 20 ～ 50 mL。

一、病毒性腹泻处理方法

（1）2 周龄以上的哺乳仔猪全部断奶，将哺乳母猪下床；并做好教槽料的过渡工作（勤加少加）。

（2）产房内所有产床均挂上保温灯，保证局部温度维持在 32 ～ 33℃。

（3）所有产房喷撒干燥粉以覆盖粪便，喷撒次数根据产栏内干净程度而定（3～5次），务必确保产栏内没有稀粪以免沾污仔猪。

（4）准备专用抹布或拖把擦拭粪便，完后用卫可消毒液清洗消毒。

（5）猪场用 1∶200 卫可加强带猪消毒次数（最好每日一次，时间点放在下午临下班时间）。

（6）治疗方法如下：

①腹泻仔猪腹腔补液（液体置于 40℃温水中预热 1 h）糖盐水或生理盐水 500 mL+160 IU 青霉素 2 支+链霉素 2 支，每次 20 mL，2 次/d（上午 10：00 一次，下午 4：00 一次）。

②腹泻仔猪（10 日龄以内）口服预热的 5% 葡萄糖 500 mL+ 维生素 C 2 支 + 维生素 B_2 支，每头猪灌服 30 mL，每日 2 次（上、下午各一次）。

③产房哺乳母猪静脉输液 5% 葡萄糖 500 mL，生理盐水 500 mL+ 维生素 C 2 支 + 维生素 B_2 支。

④妊娠母猪饮水葡萄糖 500 g+ 口服补液盐 1 000 g/100 L，连续 7 d。

（7）做好发病猪与未发病猪的隔离工作，尽量做到不交叉感染。

（8）带毒粪便及时清理干净，降低病原四处扩散（勤扫，杜绝各栋交叉使用工具）。

二、注意事项

（1）10% 的氯化钠溶液、10% 葡萄糖溶液、50% 葡萄糖溶液不能做腹腔注射，否则会引起反渗透，使组织脱水和腹水加重。

（2）有刺激性的药物不能腹腔注射，该类药物易引起腹腔炎和组织坏死。

（3）油乳剂、有沉淀的药物、半固体药物不易做腹腔注射，因为这些药物不易被吸收。

（4）腹腔注射时剂量不宜过大，一般 20 kg 体重的猪注射 20～30 mL，30 kg 体重的猪注射 40 mL，50 kg 体重的猪注射 50 mL。

（5）腹腔注射次数不宜过多，一般隔天 1 次，连续 2～3 次就停止。

（6）药液温度应与体温接近，尤其在寒冷季节，应将液体加热到 38℃左右；注射速度要均匀，不宜过快；针头不宜过长、过粗，切忌刺伤膀胱、肾脏或其他内脏器官，注意消毒，防止感染。

（7）注射中需固定好针头，针头需稍压腹壁，使腹壁肌面紧贴腹膜，以免针头移动于腹壁与腹膜之间，造成药液注射于夹层。

第十一节　静脉输液操作规范

本方法用于产后母猪快速补充能量。

（1）输液方法：在母猪产仔 4 个或 5 个之后开始输液，这时母猪比较安静，不会乱动。将输液器插入输液瓶中，用力捏一下输液器中部大滴管，排除输液器中的空气，然后关上输液器开关。选择猪耳一侧比较明显的耳静脉，止血带扎住耳根，轻拍进针部位，先使用 10% 碘酊消毒，之后用 70% 的医用酒精脱碘。待血管鼓起后，将输液器针头先斜向下刺破皮肤及血管壁，刺入血管会瞬间感觉没有阻力，之后再顺着血管的方向刺入针头（针从耳的边缘刺向猪的心脏方向），见到回血证明注射成功，松开止血带，用透明胶带固定，在将输液器打一个弯在固定，两层胶带要成十字交叉，确保固定。松开输液器调节器，挂起输液瓶，开始输液。

（2）药液配制：5% 葡萄糖 500 mL ＋维生素 C 2 支。

第十二节　猪群免疫操作标准

随着规模化猪场的发展，各项操作均趋于标准化。虽然现在猪场使用的疫苗质量越来越高，但有时免疫效果却未达到理想效果，究其原因可能和免疫过程中细节操作有关，故将免疫操作进行规范。

一、免疫前准备

1. 注射器械

（1）所用注射器和注射针头先经清水清洗后，再煮沸至少 20 ～ 30 min 进行灭菌消毒，然后放于干燥箱进行干燥以备使用。

（2）所用针头型号，产房哺乳仔猪，9×12；保育仔猪，12×20；育成猪，12×25；育肥猪，16×25 或 16×38；母猪和公猪，16×38。

（3）准备针头数量充足，针头尖锐不出现钝挫。

（4）备好记号笔或标记用药水。

2. 疫苗及稀释液

（1）一般灭活疫苗均放于 2 ～ 8℃保存，活疫苗放于 –20℃保存（部分弱毒苗除外，例如猪丹毒、伪狂犬）。

（2）疫苗在拿出使用前，要检查疫苗瓶密封性是否完好，检查疫苗有效期等。

（3）查看冰箱内所放温度计的温度，确保冰箱运行正常。

（4）冬季需要将疫苗提前取出，为避免冷应激，将疫苗自然达到室温（一般 18 ～ 25℃）方能使用，严禁疫苗放于热水或太阳光下暴晒升温。

（5）夏季在注射疫苗时需要将疫苗存放于保温箱中，使用时需将疫苗自然升至室温方能注射（避免冷应激）。

（6）所有疫苗必须配合专用稀释液使用（尤其是猪瘟疫苗），如果没有稀释液，可以用生理盐水进行稀释。

（7）稀释液在使用前 2 h 放于 4℃冰箱中，使稀释液温度和疫苗温度相接近。

（8）一般稀释时，一头份疫苗稀释为 1mL 为宜。

（9）疫苗须现配现用，弱毒疫苗稀释后应该在 2 h 内使用完。

（10）估计需要免疫猪数量，然后计算所需用疫苗剂量。

3. 应激药物准备

在免疫注射时，会出现应激反应，需要准备足够的肾上腺素或地塞米松。

4. 人员准备

免疫注射时必须同时 3 个人在场，其中一人负责抓住或保定猪，一人负责免疫注射，一人负责记录监督及做好辅助性工作。

二、免疫操作步骤

（1）注射人员将疫苗稀释好，吸入注射器中或使用连续注射器，安上灭菌针头，调节注射器注射剂量。

（2）抓猪人员将猪群围住或保定，方便注射人员操作。

（3）选择颈部三角区域进行肌肉注射，进针时需垂直进针，进针速度要快、稳，拔针速度要慢，不漏液。

（4）在注射油乳疫苗时，注射速度不宜过快，以免疫苗漏出。

（5）对于已经免疫注射的猪只用记号笔做好标记，以免混淆。

（6）更换针头，重新调节注射器剂量（如果使用连续注射器无须再次调节注射器剂量）。

（7）监督人员帮注射人员吸取疫苗，两把注射器交替使用，并做好免疫记录（包括免疫猪数量、免疫剂量、接种途径、免疫日期等）。

（8）免疫前抓猪人员和监督人员需要观察猪群健康，需要将发病猪挑出，发病猪此时不进行免疫接种，痊愈后再补免。

（9）免疫注射后，监督人员需观察猪群 2～3 min，是否出现猪只过敏反应。

（10）若出现过敏反应，应立即注射肾上腺素或地塞米松 2mL，并将过敏猪只按住以免乱蹦，严重时应按压胸腔进行抢救。

（11）对发生过敏反应的猪应做好临床症状记录，以便向主管兽医汇报。

（12）免疫结束后，监督人员需将免疫记录进行整理备案并认真填写好免疫记录卡，注射人员需将注射器、针头、疫苗瓶等进行处理、消毒等。

三、免疫注意事项

（1）严禁打"飞针"。

（2）原则上坚持"一猪一个针头"（基础母猪必须一猪一个针头，生长猪一窝／一栏一针头，但注射过健康状态不好的猪的针头在注射下一头猪时一定要换针头）。

（3）杜绝使用弯针头、钝针头等。

（4）注射活疫苗（细菌或病毒性）时，前后 5 d 不允许对猪群使用任何抗生素或抗病毒药物。

（5）两种病毒性活疫苗至少间隔 7 d 免疫注射。

（6）两种细菌性活疫苗或病毒性活疫苗和灭活疫苗可以同时使用。

（7）抗生素对细菌性灭活疫苗没有影响。

（8）免疫前后 2 d 不能带猪消毒。

（9）对于不健康猪只暂时不可免疫注射疫苗，待猪只健康后再补注疫苗。

（10）疫苗开封后必须一次性用完。

第十三节 免疫程序

本免疫程序为猪场通用免疫程序，因各场猪群健康水平的差异，各场免疫程序会有差异。后备猪驯化的免疫程序和后备猪配种前免疫程序按照第一章第三节和第四节的相关规定执行。

一、种猪的免疫程序（表3-5）

表3-5 种猪群免疫程序表

疫苗种类	免疫对象	免疫方式	分娩前 天	分娩前 剂量	分娩后 天	分娩后 剂量	1月	2月	3月	4月	5月	6月	7月	8月	9月	10月	11月	12月	周龄	剂量	备注
蓝耳病弱毒活苗	后备猪	肌注																	15 周	1 头份	驯化
猪瘟疫苗	基础母猪	肌注			21	1 头份															产后跟胎免疫
	基础公猪	肌注									1 头份					1 头份					
	后备猪	肌注																	25 周	1 头份	
伪狂犬活疫苗	基础母猪	肌注							2mL				2mL				2mL				K61
	基础公猪	肌注							2mL				2mL				2mL				
伪狂犬灭活疫苗	后备猪	肌注																	20/26 周	1 头份	
PED&TGE 二联活疫苗	基础母猪	口服							2 头份						2 头份			2 头份			月初 7 日完成
	后备猪	口服																		22 周	2 头份	
PED&TGE 二联灭活疫苗	基础母猪	肌注							2 头份						2 头份			2 头份			月末 28 日完成
	后备猪	肌注																		24 周	2 头份	

续表 3-5

免疫时间及免疫剂量

疫苗种类	免疫对象	免疫方式	分娩前 天	分娩前 剂量	分娩后 天	分娩后 剂量	1月	2月	3月	4月	5月	6月	7月	8月	9月	10月	11月	12月	周龄	剂量	备注
口蹄疫疫苗	基础母猪	肌注					2mL								2mL						高效纯化，后备免疫两次
	基础公猪	肌注					2mL								2mL						
	后备猪	肌注																	21/31周	2mL	
乙脑疫苗	基础母猪	肌注								1头份											只在4~10月份期间免疫
	基础公猪	肌注								1头份	1头份										
	后备猪	肌注																	14/16周	1头份	
细小病毒	基础母猪	肌注			14	1头份															产后免疫
	后备猪	肌注																	22/30周	1头份	配前免疫一次
蓝耳疫苗	基础母猪	肌注	25	2mL																	
圆环病毒苗	基础母猪	肌注			21	1头份															与猪瘟疫苗同天接种，一边一针
	后备猪	肌注																	18周	1头份	

二、仔猪及生长育肥猪的免疫程序（表3-6）

表3-6 仔猪及生长育肥猪免疫程序表

疫苗种类	免疫对象	免疫次序	免疫方式	免疫时间及免疫剂量																备注
				0-3日龄	7日龄	14日龄	21日龄	23日龄	25日龄	42日龄	45日龄	49日龄	56-63日龄	70日龄	77日龄	84日龄	95日龄	130日龄	
圆环病毒苗	乳猪	首免	肌注				1mL												共免一次
文原体苗	乳猪	首免	肌注				1mL												共免一次
猪瘟疫苗	仔猪	首免	肌注							1头份									共免两次
	中大猪	二免	肌注											1头份					
伪狂犬活疫苗	仔猪	首免	肌注										2mL						K61
伪狂犬灭活疫苗	中大猪	二免	肌注													1头份			
口疫疫苗	仔猪	首免	肌注									2mL							
	中大猪	二免	肌注												2mL				
	中大猪	三免	肌注															2ml	11～5月份期间执行三免，其他月份无第三免疫

第十四节　免疫耳标佩带操作

一、佩戴位置

一般位于猪的左耳，但也可以右耳，注意避开耳部血管，一般在猪耳的上边缘，距离耳边缘 3～5 cm；要将二维码置于耳外侧。如图 3-3 标记位置。

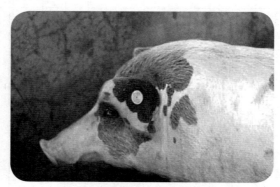

图 3-3　免疫耳标佩带

二、佩戴方法

佩戴前要先试一下耳标的公和母是否对准，以免无法钉入。

（1）一般人要站在猪的后面，可以用左手轻轻地抓住猪的右耳朵，将耳标钳迅速放入预定位置钉入。

（2）不用抓住猪的耳朵，站在猪的后面，将耳标钳迅速放入预定位置钉入。

第十五节　病死猪及其他废弃物无害化处理规程

病死猪及其他废弃物无害化处理是指猪患传染性疾病、寄生虫病和中毒性疾病的尸体、胎衣及解剖产品（内脏、血液、骨、蹄和皮毛）等进行销毁、化制、高温等方法进行处理，达到切断病原，减少污染环境的目的。病、死畜等无害化处理规程如下。

一、销毁

1.适用对象

确认为非洲猪瘟、猪瘟、口蹄疫、猪传染性水疱病、猪密螺旋体痢疾、急性猪丹毒、李氏杆菌病、布鲁氏菌病、产气荚膜梭菌病等传染病和恶性肿瘤或两个器官发现肿瘤的病猪的整个尸体；从其他患病猪各部分割除下来的病变部分和内脏。

2. 运输

下述操作中，运送尸体应采用密闭的容器。

3. 湿法化制

利用湿化机，将整个尸体投入化制（熬制工业用油）。

二、化制

1. 适用对象

凡病变严重、肌肉发生退行性变化的除销毁对象传染病以外的其他传染病、中毒性疾病、囊虫病、旋毛虫病及自行死亡或不明原因死亡的猪整个尸体或肉尸和内脏。

2. 操作方法

利用干化机，将原料分类，分别投入化制。亦可使用湿法方法化制。

三、高温处理

1. 适用对象

猪肺疫、猪副伤寒、结核病、副结核病、弓形虫病、锥虫病等病猪的尸体和内脏。确认为上述传染病病猪的同群猪以及怀疑被其污染的肉尸和内脏。

2. 操作方法

（1）高压蒸煮法。把肉尸切成重不超过 2 kg、厚不超过 8 cm 的肉块，放在密闭的高压锅内，在 112kPa 压力下蒸煮 1.5 ~ 2 h。

（2）一般煮沸法。将肉尸切成如（1）规定大小的肉块，放在普通锅内煮沸 2 ~ 2.5 h（从水沸腾时算起）。

四、病猪产品的无害化处理

1. 血液

（1）漂白粉消毒法。用于猪肺疫、猪副伤寒、结核病、副结核病、弓形虫病、锥虫病的传染病以及血液寄生虫病病畜禽血液的处理。将 1 份漂白粉加入 4 份血液中充分搅拌，放置 24 h 后于专设掩埋废弃物的地点掩埋。

（2）高温处理法。将已凝固的血液切成豆腐方块，放入沸水中烧煮，至血块深部呈黑红色并成蜂窝状时为止。

2. 蹄、骨和角

肉尸做高温处理时剔出的病畜禽骨和病畜的蹄、角放入高压锅内蒸煮至骨脱或脱脂为止。

3. 皮毛

（1）盐酸食盐溶液消毒法。用于被猪肺疫、猪副伤寒、结核病、副结核病、弓形虫病、锥虫病疫病污染的和一般病死猪的皮毛消毒。

用 2.5% 盐酸溶液和 15% 食盐水溶液等量混合，将皮张浸泡在此溶液中，并使液温保持在 30℃左右，浸泡 40 h，皮张与消毒液之比为 1∶10（质量/体积）。浸泡后捞出沥干，放入 2% 氢氧化钠溶液中，以中和皮张上酸，再用水冲洗后晾干。也可按

100 mL25% 食盐水溶液中加入盐酸 1 mL 配制消毒液，在室温 15℃条件下浸泡 18 h，皮张与消毒液之比为 1：4。浸泡后捞出沥干，再放入 1% 氢氧化钠溶液中浸泡，以中和皮张上的酸，再用水冲洗后晾干。

（2）过氧乙酸消毒法。用于任何病死猪的皮毛消毒。

将皮毛放入新鲜配制的 2% 过氧乙酸溶液浸泡 30 min，捞出，用水冲洗后晾干。

（3）碱盐液浸泡消毒。用于同猪肺疫、猪副伤寒、结核病、副结核病、弓形虫病、锥虫病疫病污染的皮毛消毒。

将病皮浸入 5% 碱盐液（饱和盐水内加 5% 烧碱）中，室温（17～20℃）浸泡 24 h，并随时加以搅拌，然后取出挂起，待碱盐液流净，放入 5% 盐酸液内浸泡，使皮上的酸碱中和，捞出，用水冲洗后晾干。

（4）石灰乳浸泡消毒。用于口蹄疫和螨病病皮的消毒。

制法：将 1 份生石灰加 1 份水制成熟石灰，再用水配成 10% 或 5% 混悬液（石灰乳）。

口蹄疫病皮，将病皮浸入 10% 石灰乳中浸泡 2 h；螨病病皮，则将皮浸入 5% 石灰乳中浸泡 12 h，然后取出晾干。

（5）盐腌消毒。用于布鲁氏菌病病皮的消毒。

用皮重 15% 的食盐，均匀撒于皮的表面。一般毛皮腌制 2 个月，胎儿毛皮腌制 3 个月。

第十六节　生物制品包装及废弃物

生物制品包装及废弃物是猪场使用生物制品后所产生的包装盒、袋、瓶及过期和不符合要求的生物制品废弃物，在生产中必须对这些废弃物进行有效的处理，防止强毒与控制毒（菌）扩散到环境中造成生物危害，具体操作规程如下：

（1）每天由专人及时收集使用完的生物制品包装盒、瓶及不能使用的生物制品。

（2）由专人对收集好的废弃物及时放置在指定位置。

（3）医疗废弃物定期送到指定地点，由专业化单位统一运走，做无害化处理。

（4）废旧注射器、针头、必须及时处理（煮沸）。

（5）稀释后的疫苗没有用完必须废弃（统一集中处理）。切忌在猪舍内乱扔乱放，特别是活疫苗瓶，必须按规定处理，否则，极易引发传染病的散发和流行。

（6）污染固形物包括用具、用品、各种器皿，必须进行灭菌处理或浴槽浸泡消毒，防止强毒与控制毒（菌）扩散到环境中造成生物危害。

（7）强毒与控制毒（菌）操作区所有仪器、设备重新布置或维修，要经过设备内消毒与操作区整体清场熏蒸消毒后才能移出操作区。

第十七节　应急封场操作规程

为及时有效地预防、控制和扑灭猪场重大疫病，确保猪场生产和经营持续、稳定健康的发展，特制定本规程。

一、疫情的预防、监控

1. 预防免疫

按猪场制定的免疫程序对猪群进行接种免疫，保证免疫密度达到100%。

（1）免疫接种疫苗种类：严格执行制定的免疫程序对猪只进行疫苗接种。

（2）免疫操作规程：为确保免疫接种质量，各场所用疫苗统一由生产部采购，要求采购人员必须从正规渠道采购，并严格按要求条件进行运输与保存；在使用前严格检查冻干苗的真空度、油苗有无破乳、疫苗有效期等，接种所用针头大小长度适宜，一般成年猪用 16 号（或以上）× 35 mm（或以上）、育成猪用 12 号针头、乳猪用 9 号针头。所有器械必须经严格消毒；疫苗接种前要充分摇匀，每次吸苗前再充分摇匀；接种时按疫苗的使用说明结合免疫程序的规定进行；免疫操作中要求做到头头注射、个个免疫、一猪一针、禁打飞针。疫苗应防晒、防高温、稀释后 1 ～ 2 h 之内用完；并做好疫苗领取与免疫记录；废弃的疫苗瓶、药盒、棉球、针头集中焚烧处理和消毒。

2. 抗体监测

抗体监测主要做两个方面的内容，即免疫效果监测和协助疾病诊断监测。在流行病、季节病高发期，为了加大疫情监测力度，由每季度检测一次改为不定期抽测，若周围存在疫情或疑似感染，根据实际情况由生产部随时抽测，并及时制订相应防范措施。

3. 消毒

（1）严格按照猪场制定的消毒程序进行带猪和环境消毒。

（2）消毒时必须采用喷雾方式进行消毒，消毒必须到位，不留任何死角。

（3）环境消毒主要用 2% ～ 4% 的火碱或 1∶400 二氯异氰脲酸钠，带猪消毒主要用 1∶（400 ～ 500）的碘酸制剂（如百胜）或 1∶300 的卫可交替使用。

（4）消毒时必须保证消毒药的有效浓度。

（5）对死亡猪只、胎衣及生产的所有废弃物立即进行化制处理。

（6）各猪场负责人必须做好监督和协调工作。

（7）注意事项：以上消毒必须有消毒记录（包括消毒药物名称、浓度、有效期、喷洒密度、喷洒范围、操作人员等）且有兽医防疫员签字，兽医防疫员可以根据天气情况做出适当调整并注明调整理由。

4. 日常封闭隔离

（1）严格执行封闭隔离制度，中心全年执行半封闭管理，全封闭管理由中心生产部提出意见报中心主管生产主任签发、批准后实施，各场要严格控制人流、物流、车流。

（2）半封闭管理期间，非本场人员进入生产区必须有中心生产部的批条；全封闭管理期间，非本场人员进入生产区必须持经中心主管生产主任签批的批条；以上情况进入生产区的非本场员工必须进行登记并将批条备案，并执行规定的消毒程序后方可入场。

（3）本场员工休假返回以及新员工入场必须在生活、管理区隔离 2 d 以上并经洗澡、更衣后方可入进入生产区；带入生产区的所有物品必须经过熏蒸消毒。

（4）饲料、兽药、低值等物品在到场当天用强力熏蒸消毒剂（2 ～ 3 g/m³）或紫外灯照射进行消毒；其他不能熏蒸的必须经过紫外线照射 10 ～ 15 min 后方可入场。

5. 宣传教育

各场、各部门要充分利用定期培训时间，对全体员工进行防疫工作重要性的教育，并认真对员工进行消毒、防疫基本操作的培训，切实将"人人重视、时时警惕，防治结合、防重于治，防疫效益、落实第一"的原则深植于每一名员工的心中，确保本公司的兽医防疫工作万无一失。

6. 督促检查

中心防疫领导小组负责本中心防疫、消毒制度的制订，中心生产部是中心兽医防疫工作的直接管理机构，负责对本中心防疫消毒制度与封闭管理措施落实情况、实施情况的监督检查工作，生产部有权对防疫消毒工作中存在的问题及时给予纠正，有权对相关责任人做出批评、处罚，有权立即采取补救措施。

二、发生疫情时采取的措施

针对目前养猪行业疫情流行趋势将疫情分为"绿""蓝""黄""橙""红"五个警级，根据疫情采取有效措施，扑灭疫情，五个级别的级别定义如下。

"绿"：距北京 1000 km 以内地区发生重大疫情。

"蓝"：距北京 500 km 以内地区发生重大疫情。

"黄"：北京周边省市（如山东、河北、天津等地）发生重大疫情。

"橙"：公司所属猪场 3 km 以内及北京地区发生重大疫情。

"红"：所属猪场发生重大疫病疑似病例。

1. "绿色警级"预案

当距北京 1000km 以内地区发生重大疫情时，对所属各猪场采取半封闭式管理，严禁外单位车辆入内，对必须进入的车辆实施严格的消毒措施；限制人员往来，必须进入场区的人员应经中心生产部批准，并执行严格的消毒程序，方可入场。场区采取严格的卫生防疫措施，彻底清理卫生死角，严格实施中心制定的常规消毒措施，对各生长阶段的猪群实施定期抗体监测，确保抗体水平在临界保护线以上，禁止饲料生产人员、饲料运输人员进入生产区。

2. "蓝色警级"预案

当距北京 500km 以内地区发生重大疫情时，除执行"绿色警级"的一切措施外，应对所有猪场实施全封闭管理，严格禁止外单位车辆、人员入内，对猪群进行抗体普查，根据抗体普查情况进行补免，禁止饲料生产人员进入猪场生产区。必要时针对疫情对猪群进行疫苗补充免疫。

3. "黄色警级"预案

当北京周边省市（山东、河北、天津等地区）发生重大疫情时，对所有猪场、饲料厂实施全封闭管理，严格控制人流、物流。对猪群实施临时抗体监测，确保猪群抗体水平在临界保护线以上，各猪场生活区每天消毒一次，生产区每天消毒一次，禁止一切车辆和人员入内，场内人员禁止串栋。

4. "橙色警级"预案

当所属猪场 3 km 以内及北京地区发生重大疫情时，除执行"黄色警级"所有措施外，还应采取以下措施。

（1）及时向上级单位报告，按统一要求和部署采取措施。

（2）严格控制各猪场、饲料厂相关人员和猪只、产品的流动，切断传染源。

（3）对猪场、饲料厂及其四周实施严格的消毒措施。

（4）对不明死亡原因的猪只实施彻底的无害化处理。

5."红色警级"预案

当所属猪场发生疑似病例时，采取以下措施。

（1）立即上报告，如条件允许立即采集病料送兽医检验部门检验、诊断；除全场封闭外，并对场内生产人员实施封栋管理，控制疫情传播。

（2）确定为疑似病例后，立即对猪场实行紧急隔离、封锁（饲养员封栋管理）、控制并采取严格的消毒措施，每天进行 3 次消毒，严格限制该场相关人员和猪只产品的流动；

（3）对全群猪只分阶段进行疫苗紧急预防接种。

（4）疫情确诊后，立即把健康猪和有症状的猪进行分群隔离饲养，并对症状明显的猪只着专人立即进行无害化处理。

（5）各栋猪舍饲养员工每天至少 3 次（早、中、晚）对猪群进行巡视，发现病猪立即进行合理的处理。

（6）每天至少对猪群进行 3 次消毒，环境进行一次消毒，环境消毒用 3%～4% 的火碱，带猪消毒用 1：300 百胜及 1：300 卫可等隔周交替使用。

（7）对猪群加强饲养管理，保证猪舍干燥、清洁卫生、温度适中、通风良好；提高猪群抵抗力，减少继发感染。

（8）在疫情期间猪场任何员工不得休假，避免疫情扩散，影响其他猪场的安全生产。

（9）当疫情得到控制后，没有新发病例 20 d 后，猪场才能解除封栋隔离，但不能解除封场管理，当没有新发病例 40 d 后，才能解除封场管理。

（10）在疫情期间，必须加强各段猪群的饲养管理，减少死亡，降低损失。

三、疫情报告

所有猪场发生重大疫情后的报告程序按以下规定实施。

（1）所属猪场每日对猪群生产状况进行观察（精神状态、采食、粪便等）并对水、料的质量进行检查，如发生异常变化，立即上报防疫领导小组。

（2）各猪场发生重大疫情时，立即报告生产部、分管领导，不得隐瞒或延迟上报。

（3）生产部、分管领导应立即报告主管领导，并对情况进行调查、分析采取相应警级的应急预案。

四、防疫领导小组组织机构

生产部是动物疫病防治工作的直接组织者与实施机构，负责组织、协调中心疫病防治、控制和扑灭工作，并负责收集、分析疫情发展动态，及时提出启动、停止应急预案的建议。应急系统和分工如下：

（1）重大动物疫情领导小组是防治重大动物疫病的决策指挥机构，负责领导重大动物疫情的全面工作，根据疫情预测和变化情况，研究和决定重大事项和重要决策。

（2）重大动物疫情领导小组分工：组长负责全面组织协调工作，副组长负责组织实施工作，下设疫病防治组、后勤保障组、综合协调组。

①疫病防治组：主管领导为组长，各猪场场长、生产部成员为组员。其职责如下：

a. 负责保障正常生产经营。

b. 建立疫情监测计划，对重大动物疫情进行分析，做出预警报告，提出具体措施。

c. 统一组织开展疫情监测、免疫、消毒、疫病诊断等工作，提出疫情控制的技术方案，监督各场的防疫、消毒工作。

②后勤保障组：综合办公室主任为组长，办公室成员为组员。其职责如下：

a. 保障防疫措施实施所需资金、物资的落实。

b. 建立重大动物疫情应急控制物资贮备制度并组织实施。

c. 按标准贮备疫苗、消毒药品和器具等防疫物资。

③综合协调组：综合办公室主任为组长，办公室成员为组员。其职责如下：

a. 负责通信、疫情信息上报和疫情防治宣传工作。

b. 负责中心各部门间的协调。

c. 负责加强与有关部门的联系与信息沟通。

第十八节　隔离程序

病原入侵最大的风险在于引进染病猪只。病猪与易感猪之间直接接触是传播疾病最有效的途径。对引进猪只和发病猪只进行隔离，可有效避免这样的疾病传播。隔离期间，可对引进猪只和发病猪只进行观察，确保没有疾病迹象之后再转入猪群。隔离的时候，还可以针对引进猪只的特定病原感染情况进行试验，并针对大群当中已知存在的疾病对引进猪只进行免疫接种。新猪和病猪隔离如果做不好，将对猪群健康构成最大的威胁，所以必须遵守以下程序。

一、隔离舍的准备

猪舍硬件设施和人员等方面做好隔离前的准备工作，具体事宜可从以下几个方面综合考虑。

（1）彻底清理舍内及舍外环境卫生。

（2）检查、维修隔离舍内的饮水系统、通风、保温、电气设备等设施，保证能够正常使用。

（3）使用高压冲洗机彻底冲洗猪舍地面、猪栏、墙壁等，彻底干燥空置。

（4）使用2%的火碱液喷洒地面、饲槽、栏杆等，0.5～1h后冲掉火碱液，再使用0.3%的过氧乙酸或氯制剂1:（400～800）进行整个猪舍的喷雾消毒。

（5）空舍5～10d，进猪前一天，再一次进行喷雾消毒。

（6）对猪场进行一次整体卫生清理和彻底大消毒。

（7）加强人员的技术培训，重点在防疫消毒、免疫保健和饲养管理。特别注重熟练运用实际操作中的细节。

二、隔离期的饲养管理

（1）新引进的猪只到达场后，不能立即进行混群饲养，必须独立饲养45 d，观察猪群正常后再逐步进行混群饲养。

（2）把疑似方式传染病的猪只立即进行隔离，饲养在隔离舍。

（3）新引进的猪只在隔离饲养期间，转入当天不饲喂（或供给很少量的饲料），饮水中加入电解多维、补液盐、葡萄糖等抗应激药物，夏季可在水中加入碳酸氢钠进行抗热应激。供水量应有所控制，防止暴饮情况的出现。在前5～7 d内，饲喂量逐渐提高到正常水平，引入不同体重的猪群，其正常饲喂量存在差异（表3-7）。根据猪群生长情况及时调整供水量，及自动饮水器高度不同（表3-8）。猪只在隔离期间均有专人负责，严禁相互串舍。每天多次仔细观察每头猪只的表现（进舍后、饲喂时、卫生清理时、出舍前等），并及时填写饲喂记录、猪群状况等。并对表现异常猪只认真仔细护理，保证其采食、饮水基本正常。在较冷环境（18～10℃）中，应增加猪只采食量1.5～2.0 kg。

（4）按照后备猪驯化隔离程序，开展驯化工作；并做好后备期的疫苗接种工作。

表3-7 同体重后备猪群的正常饲喂量

猪群体重	正常饲喂量	饲料种类
＜ 90 kg	自由采食	中猪料或后备猪料
≥ 90 kg	控制饲喂，2.5 ～ 2.7 kg/d	后备猪料

表3-8 不同阶段猪只日需水量及自动饮水器高度

猪的不同阶段	日需水量 / L	自动饮水器高度 /cm
35 ～ 100 kg	3.8 ～ 7.5	30 ～ 50
后备猪、妊娠猪	13 ～ 17	80 ～ 90

（5）每天密切关注猪舍内温湿度、空气质量状况。如何评估见表3-9。根据外部天气情况采取合理的通风换气方式，尽可能地保持舍内有较理想的温湿度和空气质量。

表3-9 猪舍环境总体评分标准

分数	评分描述及评价			
	有害气体	温度	湿度	总体评价
1	浓度刺鼻	难以忍受 40℃以上	阴冷或闷热 90% 以上	很不舒适立即调整
2	浓度较高	勉强忍受 38.5 ～ 40℃	湿度较大 80% ～ 90%	不舒适需要调整
3	明显感觉到	可以忍受 30 ～ 38.5℃	湿度稍大 70% ～ 80%	需要调整
4	可以感觉到	适宜 15 ～ 30℃	适宜 50% ～ 80%	保持或适度调整
5	几乎感觉不到	非常适宜 15 ～ 25℃	干爽 65% ～ 75%	保持最佳状态

（6）对隔离出的病猪必须由专人单独饲养，并对症治疗，主要在饮水中添加药物，

没有治疗价值的猪只立即进行无害化处理。

三、卫生与消毒管理

（1）在整个猪群的饲养过程中，舍内卫生管理至关重要，每天及时清理粪尿和每次饲喂后的残料，保持栏舍干净，并做到定期（每周）冲洗。卫生管理以达到"猪、粪分离"为标准。

（2）舍内带猪消毒和舍外定期消毒结合，卫生清理是消毒前的必须环节，特别是带猪消毒。舍内消毒选取合适的带猪消毒药，用量控制在 0.3 ~ 0.5 L/㎡，药液配制方法合理，浓度适合，每天消毒一次，至少每周消毒一次。舍外消毒的范围突出重点：人员、车辆、车辆活动区如场区入口、生产区入口、出粪台、出猪台等。猪舍入口处放置消毒盆，盆内消毒液每天更换一次。消毒药选择依据消毒对象、引入猪群健康状况、本场疫情情况、周边疫情等综合考虑。选用国家指定的火碱、过氧乙酸、氯制剂、碘酸制剂等产品。

（3）严格控制人员车辆、物品进入防疫隔离区及场区，严格遵守入场消毒程序，进入生产区内的物品必须经过严格的消毒措施（最小外包装）后方可进入，人员、车辆遵守入生产区的消毒程序。

四、免疫和监测管理

（1）在新引进猪群隔离饲养 15 ~ 20 d，依据猪群适应情况和猪群体重进行合理的疫苗免疫接种。

（2）严格疫苗的购入和使用管理，疫苗运输、使用均要保持冷链体系的完整，免疫注射时严格按照免疫程序及不同疫苗特点具体实施。

（3）积极有效地防止疫苗注射时猪只的应激反应，对发生免疫应激的猪只，立即用肾上腺素进行急救，7 d 后及时进行补免，切实达到猪只免疫率 100%。

（4）接种疫苗前后应尽可能避免一些剧烈操作（如转群、并栏、采血等），防止猪群处于应激状态而影响免疫效果。

（5）免疫疫苗前后 3 d 内，勿使用应激类药物及抗菌素类药物。

（6）在引种后 20 d，对特定疫病进行监测，如有携带不符合规定的疫病猪只应当淘汰或扑杀。

（7）对发生疑似传染病的猪只必须进行病毒和抗体监测，必要时进行扑杀。

五、兽医管理

（1）引入种猪在隔离饲养阶段和混群阶段易出现体温升高、喘、咳等症状。因此，要求饲养员和场内防治员必须密切注意猪只表现。当猪只出现食欲下降、喜卧、不爱运动等情况后，及时检测体温，此时更要仔细观察整体猪群状况。当猪只体温超过 39.5℃时，治疗方案以先控制体温、同时使用抗生物素药物治疗，每天 2 次，并在体温达到正常后，继续用药 2 d，巩固治疗，防止症状出现反弹。同时要完善兽医日志、消毒、免疫、疫病处理等记录。

（2）对于磨牙、吐沫等表现的个别猪只，使用健胃药物处理。对于种猪群可小剂量、经常性使用人工盐，以达到健胃通肠的目的。

第十九节　注射器械的消毒规范

一、器械的清洗

（1）针头的清洗：使用后的针头先用温水涮涮，再用清水将注射器针头一个一个的洗，把针头里的药物、疫苗、猪肉等堵塞物冲洗出来，以免下次使用时有不通的针头。在洗的过程中把断、弯曲的针头挑出废弃。

（2）注射器的清洗：注射器使用后抽取温水冲洗 3～5 遍，再松动螺旋把玻璃管、皮垫取出，用清水冲洗 2 遍。

（3）手术刀柄、镊子使用后用酒精擦洗 2 遍。

二、器械的蒸煮

（1）潮湿的纱布铺在不锈钢的饭盒中，把针头按型号分开放在纱布上，注射器各个螺旋松开后放在有纱布的容器内，用电蒸锅蒸煮水沸腾后煮 1 h 即可。

（2）手术刀片是一次性的，用过后就废弃掉。

三、器械的存放

水沸腾煮 1 h 后，拔掉电源让蒸锅自然凉到室内温度，把不锈钢饭盒盖上盖取出，有条件的可以进行烘干，然后放在干净有盖的保温箱里存放。

第二十节　出入生产区洗澡程序

出入场通道是猪场疫病传播的重要途径，为降低疫病传播风险，切断传播途径，保证生产安全，特制定本程序，相关人员必须严格遵守。

一、进生产区洗澡程序

（1）凡是可以入生产区的人员进入生产区，必须先洗手消毒，然后将所带物品放在消毒室紫外线灯下照射消毒，至少照射 0.5 h。

（2）将鞋放在鞋柜内，更换拖鞋进入更衣室，将场外衣物放在指定的更衣柜中，进入洗澡间洗澡，必须使用洗发液、香皂将身体及头发洗干净，有效淋浴洗澡时间不少于 7 min。

（3）洗澡后应在更衣间更换工作区工作服、穿雨靴，经消毒通道进入生产区。

（4）进入生产区人员自身的衣物和场区指定衣物必须内外有别，在指定位置摆放，严禁混放。

二、出生产区洗澡程序

（1）出生产区的人员，将工作服放在消毒室紫外线灯下照射消毒，以备清洗人员清洗消毒。

（2）将鞋放在鞋柜内，更换拖鞋进入更衣室，将场外衣物放在指定的更衣柜中，进入洗澡间洗澡。

（3）洗完澡后应在更衣间更换生活区工作服，拖鞋出生活区。

三、具体说明

（1）进生产区严禁将偶蹄兽类制品（应注意有些鸡肉香肠中也添加了猪肉）带入生产区。

（2）生产区洗澡处是进入生产区唯一合法的通道，严禁通过其他方式出入生活区、生产区，如走料库、跳墙等。

（3）未经场领导允许，一线职工不得擅自到生活区。

（4）出入生产区洗澡程序由生活区工作人员负责指导、监督。

（5）以上程序如有违反，按规定严肃处理。

第二十一节 工作服清洗程序

为了保证职工的个人卫生、猪场的形象、控制车间之间疾病的传播，全场职工的工作服应配专人清洗消毒。具体清洗程序如下：

（1）首先每个职工应有 2 套以上工作服，每天一套交替使用。

（2）工作服应有相应的标记，如在衣服上写上自己的名字或用数字排列。

（3）每天下班后所有职工必须把工作服放置在指定的地方或洗衣机旁。

（4）负责工作服清洗的人员先用洗衣粉清洗，漂洗完后用 84 消毒液或其他没有漂白作用的消毒药浸泡 10 ~ 20 min 后，再漂洗甩干。晾干后叠放整齐以备职工领取。

（5）每套工作服最多穿 1 天必须清洗消毒一次，2 套工作服轮流使用。

（6）在场内不同防疫等级的区域内，应着不同的工作服，以示区别。

（7）填写工作服清洗消毒记录表。

第二十二节 全场消毒程序及安排

全场消毒程序及安排见表 3-10。不同消毒部位消毒剂种类和稀释比例见表 3-11。

表 3-10 中心消毒程序安排

项目或内容	消毒液及浓度	消毒时间	负责人	配制方法
外来车辆（需进场的工厂运料车、公司送料车）	消毒威（0.2%）	即时，每辆车喷雾消毒持续时间不少于 7 min	接待员	每 100 kg 水兑一包即 200g
	火碱（3.0%）			每 100 kg 水兑 3 kg

续表 3-10

项目或内容	消毒液及浓度	消毒时间	负责人	配制方法
生活区、参观室	消毒威（0.2%）	每 2～3 d 喷雾消毒一次	接待员	每 100 kg 水兑一包即 200g
	火碱（3%）			每 100 kg 水兑 4 kg
	（每周轮换一次消毒）	每次客户走后		
大门及展厅门口消毒脚垫	火碱（4%）	每日整理更换消毒液一次		每 100 kg 水兑 4 kg
更衣室洗手盆及展厅工作服	碘酸制剂（1∶100），如百胜	每日整理加消毒液一次，衣物及时用消毒威（0.2%）浸泡		每 100 kg 水兑 1 000 mL，2 L 的洗手盆加碘酸原液 20 mL，每日更换
	聚维酮碘（3%）			2 L 的洗手盆加聚维酮碘原液 60 mL，每日更换
	工作服	过氧乙酸 1∶200		每次客户走后整理浸泡清洗消毒
洗澡间、食堂	清扫、消毒	周一、周四		1∶300 百胜或 1∶500 卫可喷雾消毒
洗澡间脚盆	火碱（4%）	每日更换	接待员	每 100 kg 水兑 4 kg
舍内	种猪舍	百胜或卫可	每周五	各段负责人	按使用说明配制
	产房段	百胜或卫可或百净宝	每周五	各段负责人	
	保育舍	百胜或卫可	每周五	各段负责人	
	育肥舍	百胜或卫可	每周二、周五	各段负责人	
	白大褂	使用过氧乙酸消毒	每次售猪后及时浸泡清洗消毒（过氧乙酸 1∶200）	接待员	
各段脚盆	火碱 3%	每天下班前及猪群周转后及时更新	各段负责人	每 100 kg 水兑 3 kg，3 L 消毒盆内加火碱 100 g
场区清扫、整理	—	每周一次	各段负责自己所管区域	—
料库火碱池	火碱（3%）	每次卸料前		改成具体配制方法
装猪台	火碱（4%）或消毒威（0.3%）每周轮换一次	每次装猪前后。先冲洗干净，然后消毒，每平方米使用稀释后的消毒液 0.4～0.6 L	育肥段负责人	改成具体配制方法
注射器械	蒸煮消毒	每次用后及时高压蒸煮		

续表 3-10

项目或内容	消毒液及浓度	消毒时间	负责人	配制方法
料袋	高锰酸钾和甲醛熏蒸	周一、周四		按熏蒸空间计算（三级）
工作服	清洗后使用过氧乙酸浸泡（0.5%稀释液）	每周一、五（每日晚上）浸泡衣物 30 min		6 L 的洗衣机加过氧乙酸原液 30 mL
澡间消毒	高锰酸钾和甲醛熏蒸	每周一、周五		按熏蒸空间计算（二级）
环境消毒	火碱 3% 或消毒威 0.2%	春秋每周 3 次、夏冬每周 2 次	各段负责人	火碱每 100 kg 水兑 3 kg；消毒威每 100 kg 水兑 200 g

表 3-11　猪场不同部位消毒指定消毒剂及稀释比例

消毒部位及位置	消毒剂	稀释比例	加消毒药频率及消毒次数
消毒池	火碱 98%	2%～3%，3 m×2.5 m×0.15 m 的池子每次至少加 30 kg	至少 2～3 d 更换一次，使用 pH 试纸检测
洗手消毒盆	百胜 -30	1%，即 2 L 的盆添加 20 mL 百胜—原液	1 d 更换 1 次
	聚维酮碘	3%，即 2 L 的盆添加 60 mL 原液	1 d 更换 1 次
脚盆	火碱 98%	3%～4%，3 L 的脚盆需添加火碱 100 g	1 d 更换一次，使用 pH 试纸检测
脚踏垫	火碱 98%	使用 4% 火碱溶液浸泡	1 d 更新一次
出猪台及拉猪车	火碱 98%	4%，喷洒，0.4～0.6 L/m²	每出猪前后都要清洗消毒、干燥，常规清洗、消毒每周 3 次。大风过后必须消毒。
	拜特、灭毒威	3‰，喷洒，0.4～0.6 L/m²	
大门口及办公区	火碱 98%	2%～3%，喷洒，200 mL/m²	每周 2～3 次，大风过后必须消毒
	拜特、灭毒威	2‰，喷洒，200 mL/m²	
生产区舍外消毒	拜特、灭毒威	2‰，喷洒，300 mL/m²	每周 2～3 次，大风过后必须消毒
	火碱 98%	2%～3%，喷洒，300 mL/m²	
猪舍内带猪消毒	百胜 -30	3‰，喷洒，300 mL/m²，高压细雾喷洒，150 mL/m²	每周 1～2 次，大风过后必须消毒。冬季防疫形势严峻时，建议使用拜特、灭毒威和农福
	卫可（Virkon S）	3‰，喷洒，300 mL/m²，高压细雾喷洒，150 mL/m²	
	农福	2.5‰，喷洒同上	
空舍消毒	火碱 98%	3%，喷洒，300 mL/m²	彻底清洗干燥后消毒，关闭门窗
	拜特、灭毒威	2.5‰，喷洒，300 mL/m²	

续表 3-11

消毒部位及位置	消毒剂	稀释比例	加消毒药频率及消毒次数
参观室 （选猪处）	拜特、灭毒威	2.5‰，喷洒，300 mL/m²	每来一次参观，清理消毒一次。常规 1 次 / 周
食堂餐厅	卫可（Virkon S）	3‰，喷洒，300 mL/m² 高压细雾喷洒，150 mL/m²	常规：每周一次消毒
工具消毒	拜特、灭毒威	2.5‰，喷洒，彻底浸润 2 h	每周一次

第二十三节　消毒池操作规程

为了有效地控制传染病进入场区或猪舍，各场大门口、猪舍门口或消毒铺垫浸有消毒药的草垫。进出车辆、人员等必须进行消毒。

（1）要严格按照消毒程序定期消毒。

（2）要至少备有 2 种以上消毒药物，不同品种的消毒药物应交替使用。

（3）露天消毒池下雨后应及时配制新的消毒药，以保证消毒效果。

（4）更换消毒池消毒液的时候，首先把池内污浊的消毒液排出去，然后把池底清理干净，再加入清洁的自来水按比例加入消毒药，如 3% 火碱。车辆消毒池每周至少更换 3 次（以 pH 试纸测试为准），猪舍门口的消毒盆每天更换一次。

（5）消毒池内的水位应不低于 15 ~ 20 cm。

（6）所有车辆或必须经过消毒池，不得跨过或绕行。

（7）设专人负责消毒池的更换工作，并且填写"消毒池更换记录"，内容包括更换时间、注水量、消毒药物、配制浓度、更换人等。

（8）发现消毒池有渗漏显现应及时修补，以免影响消毒效果。

第二十四节　雨靴清洗程序

为了保证职工的个人卫生、猪场的形象、控制栋舍之间疾病的传播，职工的雨靴每天必须清洗消毒。具体清洗程序如下：

（1）每个职工下班时应自觉在自己栋舍用自来水清洗雨靴上的猪粪，使用鞋刷刷拭鞋子的表面和鞋底部。

（2）用冲洗机或流动水流冲刷雨靴至干净为止，将干净的雨靴在指定位置摆放整齐。

第二十五节　实验室检测规程

为保证实验室所开展的各项检测工作有序进行，确保检测数据的准确性、公正性和科学性，特建立本检测规程。本规程适用于本实验室的检验工作，包括收样、分样、检验、复检、报告等环节。

一、样品接收

实验员对接收到的样品要进行验收，做好样品登记、样品保存、检验后样品的无害化处理。

二、血清分离

实验员要对接收到的血样进行血清分离，放入离心机前需要将对称的离心管重量进行调节平衡，把血样对称地放入离心机中，2 500～3 000r/min 的转速，离心 3 min，吸取上层血清到 2mL 的灭菌离心管中保存，进行编号，编号和血样编号一致。

三、病原或抗体检测

1. 实验前准备

将洁净枪头装入枪头盒，试剂盒、血清从 4℃冰箱中取出，恢复室温，打开恒温箱将温度调节到实验要求温度。

2. 实验操作

不同的实验按照不同试剂盒的操作说明书严格执行操作，具体实验方法详见试剂盒使用说明。

3. 复检

对检测中可疑的对象要使用相同的方法在同等条件下进行复检，对于需要入群的猪只在 2 周后仍需采样，合格后方可入群。

4. 实验报告

实验数据录入电脑，数据结果与血样编号相对应，不可混淆。经负责人审核确定无误后，出具实验报告。整理后发给相关领导和负责人。

5. 注意事项

（1）检测过程中涉及各类记录，应完整、清晰填写，不得简写、漏写。

（2）检验原始记录在实验项目完成后应及时保存。

（3）实验中要注意不可交叉污染，每个样品使用一个洁净枪头，一样一枪头。

（4）如果是检测病原或抗原，避免外源性污染，必须选择无菌操作。

（5）整个实验操作过程保证实验人员安全，避免接触有毒有害物质，如苯酚类、EB、EDTA 等。

（6）检测病原时，明确需要检测何种病原，若是布鲁氏杆菌、口蹄疫等人畜共患病，一定要使用专用工作服等进行隔离保护。

第二十六节　样品采集与运输标准

采集样品（病料）是微生物学诊断、血清学诊断和病理学诊断等实验室诊断的重要环节，样品采集是否合格直接影响检测结果的准确性。为提高诊断的时效性和准确性，特将样品采集和运输标准进行规范。

一、样品采集原则

1. 采样时间
一般病死猪应该在死后 6 h 内进行采样，冬季可放宽至 24 h 内，夏季必须在 4 h 内完成采样。

2. 采样部位
对于需要采集发病猪或死亡猪的组织，应尽量选择病变部位或病变与正常组织交接部位以及有利于疾病诊断的组织和材料。

3. 样品登记
所采取的样品必须做好详细记录，包括猪场名称、猪日龄、发病时间、发病时症状、死亡时间、死后全身症状表现、解剖时脏器病理变化、重点疑似何种疾病、采样人姓名等，同时采样单电子版必须发给生产部。

二、不同组织的样品采集

1. 血液
一般通过猪前腔静脉或耳静脉采血，但最常用的就是前腔静脉，其操作如下：

（1）将猪一前肢往后或往外拉开（中大猪和种猪需要借助保定器进行保定），充分暴露脖子下隐窝（左、右各一个）。

（2）一手抓住猪一前肢，一手将注射器针头（不同阶段猪选用不同长度的针头）垂直隐窝插入，插入到一定深度时需要回抽注射器，以观察是否插入前腔静脉，回抽有血液流进注射说明已经插入静脉；如回抽不动（插到肌肉）或回抽没有血液而有气体（插入气管），需要重新调整注射器针头的位置，但不要将注射器针头拔出皮肤。将注射器针头左右里外稍作调整，直到插入静脉，万一找不到静脉可考虑换一侧静脉采血（由于静脉一旦受到刺激会收缩，收缩后很难再找到）。

（3）将注射器中血液注入真空采血管中保存（一般 10 mL）。

（4）没有真空采血管可以用塑料试管代替，血液注入塑料试管后需要稍微捏一下试管壁，以便血液再次分离血清，然后封口。

（5）采集的血液一般在室温下放置 2 ～ 3 h 后方能放入冷藏冰箱保存。

（6）有条件的猪场可以将采集的血液离心、分离血清后放于 −20℃ 保存。分离血清 2 500 ～ 3 000 r/min，离心 3 min。

（7）所采血样必须和猪个体号相对应，血样必须要有一份详细的采样单，包括详细的免疫记录、免疫时间、猪只日龄（胎龄）等，同时采样单电子版必须发给中心生产部。

2. 脑
（1）用锯或刀将脑壳切开，充分暴露脑部分，观察脑组织病理变化并做记录。

（2）用无菌手术刀或剪刀取出全脑，放于采样袋中，然后置于 −20℃ 保存。

3. 淋巴结
（1）沿肋软骨和腹中线切开胸腔和腹腔，充分暴露各脏器。

（2）换用无菌手术刀或剪取全身淋巴结，放于采样袋中，然后置于 −20℃ 保存。

4.胸腔与腹腔脏器

（1）沿肋软骨和腹中线切开胸腔和腹腔，充分暴露各脏器。

（2）换用无菌手术刀或剪摘出肺脏和心脏，分别选取病变明显或病变与正常组织交界处组织，通常肺脏需要标明左、右叶。

（3）如果胸腔和腹腔有渗出液（物）可用无菌注射器吸取。

（4）摘出整个有病理变化的肾脏（标明左、右）。

（5）剪取有病变的肝脏部分。

（6）摘出整个脾脏。

（7）怀疑消化系统疾病可收集胃（病灶部分），剪断所需肠管并将两头结扎好，或用棉签等取肠道内容物置于生理盐水中保存。

（8）所有样品（除肠道内容物外）均放于 –20℃保存。

5.关节液与鼻腔分泌物

（1）用无菌注射器针头插入关节腔中，抽出关节液，然后注入离心管中，4℃保存。

（2）用无菌棉签蘸取鼻腔分泌物，置于装有生理盐水的试管中，4℃保存。

6.活体采扁桃体

（1）利用扁桃体采样器（鼻捻子、开口器和采样枪），采样器使用前均须用消毒液进行消毒，然后经清水冲洗方能使用。

（2）首先固定活猪的上唇，用开口器打开口腔。

（3）将采样枪伸入到咽喉处，采取扁桃体样品。

（4）用灭菌棉签将所采集到的扁桃体样品挑至灭菌离心管中并作标记，置于 –20℃保存。

7.其他

血样一般于4℃保存，血清于 –20 ～ –80℃保存，组织病料于 –20 ～ –80℃保存。

三、样品运输

所采集的样品必须保证在所需要的温度环境下进行保存，若需运输，则遵循以下原则。

（1）必须采用保温箱或保温泡沫盒。

（2）保温箱内根据运输时间长短，决定所需放置冰袋数量，以保证低温环境。

（3）运输前需详细填写送样单，送运单按要求填写，注明运输时间。

（4）如果有特殊要求，如严禁颠倒、摇晃等情况，请详细说明。

（5）所送样品对人类无危害。

（6）所送样品必须准时到达。

第二十七节　猪群的驱虫

一、基础猪驱虫办法

（1）基础猪驱虫包括基础母猪、基础公猪及后备猪。

（2）使用驱虫药物为芬苯达唑 + 伊维菌素（规格：5%）；或使用多拉菌素皮下注射。

（3）在妊娠母猪饲料、哺乳母猪饲料、公猪料及后备猪料添加驱虫药物，500 g/t 料。

（4）使用时间：每年 2、5、8 和 11 月各驱虫一次，每次连续饲喂 7 ～ 14 d；同时，使用猪体表驱虫剂（双甲脒）体表低压力喷洒驱虫。

（5）每次驱虫后 10 d，要观察驱虫效果，观察母猪粪便是否有寄生虫，猪体表疥螨是否被清除。

二、仔猪和中猪驱虫办法

（1）饲料中添加芬苯达唑 + 伊维菌素（规格：5%）进行驱虫。

（2）驱虫时间，每年 4 次，分别为 2、5、8 和 11 月。

（3）驱虫期间，保育前期饲料、保育后期饲料和中猪饲料全部添加驱虫药物。

（4）每次驱虫药物添加饲料饲喂持续时间为 7 ～ 14 d。

（5）驱虫后，观察驱虫效果。

第四章

设备方面操作技术规范
（使用、保养、维修）

第一节 猪舍环境控制系统设备操作规范

一、环控箱设置

1. AC2000 型（以保育舍为例，产房断奶前目标温度 22℃）

（1）在主界面先按"菜单"进入主菜单，再按"输入"进入菜单 1，进行温度设置。

	#	日龄	目标	加热	隧道
第一页：	1	18	25	23	28
第二页：	2	28	24.5	22.5	27.5
第三页：	3	35	24	22	27
第四页：	4	42	23	21	26
第五页：	5	49	22	20	25
第六页：	6	56	21	19	24
第七页：	7	63	20	18	23

按"菜单"返回主菜单。

注：因保育舍降温快升温慢，所以隧道退出温度稍高，其他猪舍隧道退出温度一般推荐目标温度 +2。

猪群到达指定日龄（平均日龄），目标温度会随之改变。

"加热"功能没有接入，建议设置目标温度 –2。

"隧道"表示隧道模式即变频 + 通风小窗的模式退出，进入 36#/50# 风机负压通风模式。

（2）按"4"和"输入"，进入菜单 4，进行制冷设置。

	#	开始	结束
第一页：	1	08：00	21：00

	#	开始温度	至此湿度
第二页：	1	2.0	100

#	开（分）	关（分）
第三页： 1	5.0	2.0

按"菜单"返回主菜单。

注：第一页，每天湿帘水泵起作用的起止时间。

第二页，开始温度为设置1中隧道＋设置值，一般建议为2，湿度0或100。

第三页，水泵每次启动的时间和停止的时间，在保持湿帘纸湿润的情况下尽量节约水量和电力。

（3）进入菜单14，校正时间和日龄，时间一般一次校正即可；保育和育肥因不同日龄需要不同温度，所以每次新进猪当天需将日龄重新设置，以使系统进入适当的模式。

（4）进入菜单91，进入配置。

控制箱屏幕页码数　　　　　　　手动配置参数

第一页至第三页不进行参数设置

第四页：通风级别　　　　　　7（总的通风级别数，根据风机数而定，变频风机运转级别可适当多设置，以减缓温度变化）

第五页：模拟输出 –1（0–3）　0（或者2）

第六页：模拟输出 –2（0–3）　0

第七页：起始隧道级别：　　　6（第一台36#/50#风机启动的级别）

（5）进入菜单92，进入通风级别设置。

	级别 风机		级别 风机		级别	开（分）	关（分）	温差
第一页：	1 000000		1 000000		1	2.0	10.0	0.0
第二页：	2 000000		2 000000		2	2.0	5.0	0.5
第三页：	3 000000		3 000000		3	3.0	5.0	1.0
第四页：	4 000000		4 000000		4	5.0	3.0	1.5
第五页：	5 000000		5 000000		5	0.0	0.0	2.0
第六页：	6 100000		6 000000		6	0.0	0.0	3.0
第七页：	7 120000		7 000000		7	0.0	0.0	4.0

注：前两行12个数字表示36#和50#风机编号，最后一行开和关表示变频风机的启停时间，温差表示与目标温度的差距。

回到菜单91第五页，模拟输出 –1（0–3）1，然后再次进入菜单92。

	级别 风机		级别 风机		级别	速率
第一页：	1 000000		1 000000		1	50%
第二页：	2 000000		2 000000		2	60%
第三页：	3 000000		3 000000		3	70%
第四页：	4 000000		4 000000		4	85%
第五页：	5 000000		5 000000		5	100%
第六页：	6 100000		6 000000		6	0%
第七页：	7 120000		7 000000		7	0%

注：速率表示变频风机速率，一般至少50%才能吹开百叶窗达到排气效果，实际情况每台电机略有不同。

（6）进入菜单2，最小/最大级别设置。

         # 日龄 最低 最高

第一页：1 1 1 7

注：最低不能设置为0,0级情况（室温低于通风级别1的设定温度，主要是冬季容易出现）时，所有通风设备不运转，达不到最低通风量的要求；最高与91设置的通风级别数一致。

（7）进入菜单95，设置幕帘。

级别	1%	2%	3%	4%
第一页：1	0	0	0	0
第二页：2	0	20	0	0
第三页：3	0	30	0	0
第四页：4	0	40	0	0
第五页：5	0	60	0	0
第六页：6	50	0	0	0
第七页：7	99	0	0	0

注：1%表示湿帘卷帘，2%表示通风小窗，3%和4%未接入。

（8）进入菜单96，设置系统变量。

屏幕页号	编号	手动设置参数数值
第一页：	编号：01	值：0.3（目标温度滞后，度）
第二页：	编号：02	值：3（通风级别增加延迟时间，分）
第三页：	编号：03	值：1（通风级别降低延迟时间，分）
第五页：	编号：05	值：3（隧道模式退出时超出目标温度的温差，度，保育建议3，其他舍一般2）
第七页：	编号：07	值：10（高温报警，高于目标温度的温差，度）
第十一页：	编号：11	值：3（低温报警，低于目标温度的温差，度）

（9）设置完成后按"菜单"返回主界面，主界面可看到当前温度、隧道模式、时间、通风级别和日龄。

（10）进入菜单21,可查看历史温度。

2.SMART8C型

（1）主屏显示当前温度和日龄，按"▼"键依次可显示当前风向和风速、饲料、水、卷帘状态、周期是否开启、当前温度通风模式。

（2）按"选择"键进入主菜单，第一页，设置目标温度，按"设置"键进入，根据不同的猪群设置，设置完再次按"设置"键确认。

（3）按"▼"键，周期，开。

（4）通过"▼"或"▲"键，找到系统选项，按"设置"进入。

①曲线：选择是否根据温度数据创建温度曲线。选择（无）。

②温度传感器：室内传感器接T1，室外接T3。传感器3选择（室外）。

③自然通风：选择（否）。

④继电器1：24风机1（接线位置要接到相应的端子）；继电器2：24风机2；

继电器 3：继电器 4 & 5：上下活动窗；继电器 6 & 7。

⑤模拟输出 1：变频风机。

⑥时间：设置系统时间。

⑦卷帘 1/2 打开关闭：在卷帘校准后，卷帘自动变化时打开和关闭的时间。（需用秒表测量上下活动窗完全打开关闭时间）。

打开：**s

关闭：**s

（5）按〈选择〉退出系统，通过上下导航找到设置，按〈设置〉进入。

①变频风机

风机温度渐变带：风机在"开的温度点"开始，在这个范围内，风机从最小运行值增加到最大运行百分比值。10℃

风机最小（通风）关：低于目标温度的温差，达到此值风机周期停止，运行最小通风。-9.9

风机最小开始：最小通风从这天开始持续运行，不管温度和"最小通风关"等相关参数。-9.9

最小电压：2V

最大电压：10V

②风机

24 风机 1

风机开（温差）：高于目标温度开启风机的温差。2℃

风机关（温差）：高于目标温度关闭风机的温差。1℃

风机最小（通风）关：最小通风时。低于目标温度，风机关闭时的温差。

风机最小开始：最小通风从这天开始持续进行，不管温度和"最小通风关"等相关参数。

③卷帘

变频 -1：1%

风机 -1：50%

风机 -2：99%

二、日常保养维护

（1）经常擦拭灰尘，保持环控箱、配电箱干净，箱内必须保持干燥、干净，配电箱内外不得放置杂物，箱门保持关闭。

（2）每月全面检查一次漏电保护器是否动作、各种开关是否正常、接线是否牢固、有无虚接或烧焦现象。

（3）经常检查各种螺栓是否紧固，风机皮带松紧度是否合适、及时更换老化皮带，各种轴承保持润滑，百叶窗是否正常开合，风机转动声音是否正常。

（4）每批猪转走后清洗扇叶和百叶窗，检查扇叶是否紧固，有无变形，安全防护网有无损坏。

（5）保持风机进出风口、湿帘进出风口畅通，经常刷拭湿帘和纱网，防止堵塞。

（6）保持供水系统清洁，经常清理水帘补水管过滤器和湿帘纸，可用牙刷刷洗滤网，用软毛刷从上往下刷拭湿帘纸，不可来回刷也不能横刷，对于顽固的青苔和水垢也可用冲洗机冲洗，但是水压必须合适，不能使用酸性或碱性清洗剂和消毒剂。

（7）水泵若一段时间不用，应放在清水中，通电运行 5 min，清洗泵内外泥浆，然后擦干除防锈油放置通风干燥处。

（8）做好灭鼠，防止老鼠啃噬湿帘纸。

（9）天气转凉停止使用湿帘后，必须排干净湿帘系统中的水，取出水泵存放好，湿帘外侧可用塑料膜封闭，技能保持湿帘干净也有利于猪舍保温。

（10）各种维护保养时必须切断电源。

三、异常情况处理

（1）配电箱上的按钮开关指示灯闪弱光：继电器复位故障，按压复位按钮即可。

（2）风机、水泵、卷帘等设备不能自动运转：先检查按钮开关是否转到自动挡、系统设置是否合理、温度是否达到指定设置，其次检查是否继电器复位故障、相关动作开关烧坏或按钮开关损坏更换即可。

（3）合不上闸：检查各种开关、电容和电机是否烧毁，更换烧坏元件；线路有无虚接、破损。

（4）风机不转：指示灯不亮，检查温度是否达到启动要求、按钮开关是否转到自动挡、相关动作开关有无跳闸；指示灯亮，检查继电器能否吸合、有无跳闸、皮带是否松脱。

（5）百叶窗不能打开或关上：检查是否灰尘太厚，及时清理灰尘；检查转轴是否润滑，及时打黄油；检查皮带是否过松导致风力太小吹不开。

（6）风机转动时噪音很大：检查扇叶是否变形或松脱，导致刮擦，若有及时更换或复原。

（7）水泵指示灯亮但是湿帘没水或浸润不全：检查水桶或水池是否缺水、水泵是否堵塞、滤网是否堵塞、湿帘两侧减压阀是否开得过大，若都没问题，可能喷水管堵塞，需拆解清洗。

（8）水滴溅离湿帘：水压过大，调节减压阀。

（9）卷帘不能完全打开或关闭：需 2 人配合操作，先将卷帘电机的卡槽拧松，一人手动将卷帘打开，一人调节卷帘电机下降卡槽，将卷帘降到最低后立即关停电机，卡住下降卡槽并拧紧，然后手动关闭卷帘，待升至最高时立即关停电机，卡住上升卡槽并拧紧；再次打开和关闭，检查位置是否合适，不合适再按上述步骤进行调整；调整合适后将按钮开关转回自动档；第二种情况，系统设置中的卷帘开关时间不符，需用秒表查出完全打开过关闭的时间，然后更改相关设置即可；第三种情况，设置 95 中卷帘默认设置最大最小位置是 99% 和 1%，因敏感度问题实际可能误差 10% ~ 20%，将设置调整为 0% 和 100% 即可。

（10）通风小窗不能完全打开或关闭：与第 9 项的第二、第三种情况相同。

（11）变频风机不启动：先检查各种相关开关是否正常吸合，若正常，检查设置 91 中第五页的模拟输出是否为 0 或 2，改为 1 即可。

（12）夏季温度降不下来，冬天温度上不去：降不下来的原因可能是水池水被晒热、气温过高超过系统降温极限、舍内存在严重漏风；升不上去的原因可能是猪太少或太小、漏风严重，可适当增加密度、增加供暖设施、将各种漏风出封堵严实。

第二节 猪舍降温湿帘和空气过滤系统的保养

一、湿帘的维修保养细则

（1）每年夏季到来之前一个月即 5 月中旬之前对水帘进行冲洗、清理，主要是冲洗掉灰尘，清理掉柳絮、杨毛、草叶等堵塞水帘的物质。

（2）在清理、冲洗水帘的同时，要对水帘循环水坑（桶）进行清理和防渗检查，对水帘管道进行疏通并检查是否存在裂口现象、电机是否正常运行进行检查，所有工作准备就绪，对水线系统进行试运行，保证高温到来之前即开即用。

（3）每年冬季到来之前 15 d 即 10 月 20 日至 11 月 10 日之前，把水帘循环水坑（桶）存水抽干，防止冬天把设备设施冻坏。把电机收起放到指定位置备用，同时水帘循环水坑（桶）务必盖好，防止灰尘及人员不慎跌落。

（4）根据猪场所在地区温度情况，对水帘进行塑料布和水帘布进行封堵，保证冬季猪舍正常温度。

（5）夏季来临之前检查水帘风机皮带是否存在松动、丢转和异常声响等现象的出现，若出现上述情况及时维修更换。

（6）水帘纸具有使用寿命，一般情况下在使用 4 年之后，水帘纸要重新更换。更换水帘纸要与原类型一致，包括纸的厚度、水流量和单位密度。

二、猪舍空气过滤系统维修保养细则

（1）空气过滤系统是猪场生物安全体系防护的重要设施设备之一。空气过滤系统包括初效过滤和高效过滤两个层次。同时初效过滤的材质包括金属和玻璃纤维等多种类型。

（2）玻璃纤维的初效过滤系统需要每隔 1.5 个月用高压气泵对其进行除尘处理，每隔 2 年对初效过滤系统进行更换。

（3）空气过滤缓冲间每天固定人员进行打扫，以减轻灰尘对初效过系统的压力。

（4）初效过滤和中效过滤之间的缓冲间环氧无尘地面每天进行打扫，保证其洁净度。

（5）初效过滤外面的防虫鸟网要定期检查，发现漏洞及时更换。

（6）金属材质的初效空气过滤系统可用气泵或高压枪每隔 1.5 个月进行除尘处理。

第三节 饲料生产加工

一、操作程序

（1）投料前先检查机器及其部件是否运作正常，有无损坏。

（2）对于批次生产的机器先开搅拌机，再开粉碎机。关机时先关粉碎机，后关搅拌机。

（3）对于连续生产的机器先开粉碎机、粉碎完后开搅拌机，再开输料机。关机时先关粉碎机，再关输料机，最后关搅拌机。

（4）饲料搅拌。

（5）原料的添加顺序要合乎正常程序。

①量大的料。

②加入微量成分，如添加剂、氨基酸、药物等。

③加液体饲料，如油。

④加入潮湿的料。

（6）根据搅拌机的类型，选择最佳搅拌时间。

一般搅拌机的搅拌时间为：卧式搅拌机 3 ～ 7 min；立式搅拌机 8 ～ 15 min

二、工作内容与要求

（1）投料前准备。

（2）检查机器及其部件是否运作正常，有无损坏。

（3）根据配方，核实原料，以确保生产合格饲料。

（4）原料质检，杜绝发霉变质原料投入生产。

（5）利用筛进行原料除杂，如绳子、金属、纸片等。

（6）检查及校准称量系统，准确称量预配原料。

（7）根据粉碎细度，将大料投入粉碎机进行粉碎。

（8）成品料称量、装袋、储存。

（9）清理搅拌机中的残留的料，打扫配料间，作善后处理。

（10）定期对饲料间的设备及其部件进行检查和维修保养，以保证其最大使用年限。

第四节　热风炉操作规程

一、锅炉运行前的准备与检查

（1）正式使用前，应检查一下各部件是否都安装到位，连接牢靠，引烟机油箱加油到标尺位置，风机控制箱接线是否正常。

（2）温控仪应本着操作方便的原则固定在工作间的墙壁上，并将温度传感器分别安装在热风炉的控温孔（短传感器）和使用场所（长传感器）内，两温度传感器的接线位置必须正确。面对温控仪，左侧仪表控制引烟机；右侧仪表控制引风机。温控仪的温度设定参照下述要求设定。

①左侧仪表设定：可根据室内温度自由调节，例如，室温需要最低温度 25℃，最高温度 30℃，上限设定 30 ～ 32℃（电机自动停止），下限设定 25 ～ 27℃（电机自动启动）。

②右侧仪表设定：上限设定 70 ～ 80℃（电机自动启动），下限设定 30 ～ 40℃（电机自动停止）。

③当控温仪上数字显示高于上限设定值时，应调节炉火，不宜将炉温烧得太高，以延长热风炉的使用寿命。

（3）正确接通电源时（三相四线），两温度仪应显示数值。此时开启或断开面板上的开关即能控制风机和引烟机的开停（按温控仪线路图接线）。

（4）本热风炉为手烧式，操作者加煤应本着量少勤加的原则（每次可加三四锹约 10 kg），并及时清理炉渣。供暖时，应随时关闭炉门，防止过多的冷空气进入炉膛而降低热风炉的发热量，并通过调节风门插板的开度来控制炉火，从而达到调节热风温度的目的。供暖结束，应加煤压火，并打开炉门，关严风门，将炉子封起来。

二、保养及注意事项

（1）当遇到突然停电时，应及时拔出控温孔处的温度传感器（因为不能进行热交换，炉温会迅速升高而损坏传感器），同时加煤压火，关闭灰门，打开炉门和清灰门（可减少烟道的抽吸力，使炉火迅速减弱，避免因闷烧而损坏炉体）。

（2）使用一段时间，如果炉火不旺，热风温度明显降低，可能是烟灰堵塞换热层，可打开检修门清理各部位灰尘后再使用，做到定时清理。

（3）温控仪自动运行装置发生故障，不能自动控制时，操作员可将"自动"调到"手动"控制开启和关闭，然后找电工或给厂家打电话修理。

（4）停炉后和使用前，应检查炉条和耐火水泥是否损坏或脱落，必须及时更换或修补，否则炉膛周围被烧穿甚至报废，应特别注意。

（5）停炉后，要把煤灰清理干净，打开全部风门通风干燥，以防锅炉被腐蚀。

第五节　有压锅炉操作规程

一、锅炉工管理

（1）锅炉工应持证上岗，工作时应穿戴劳动防护用品。

（2）应及时保证车间供水，水温度符合要求。保证冬季保证供暖工作。

（3）锅炉及辅助设备应按时检查、保养，随时观察各设备的运行情况，发现问题及时解决。

（4）严格执行三级保养制度，做好锅炉的年检工作。保证安全阀、压力表、水位计灵敏可靠。

（5）锅炉房的除尘设备应保持良好，定期检查并清理所聚集的尘埃，定期对锅炉进行除垢处理。

（6）注意锅炉使用时的安全问题，保证生产正常运行。

（7）注意节约燃料，对没有烧透及没有灭火的炉渣，严禁推出锅炉房，做好各项记录。

（8）搞好锅炉房内外的卫生，保证环境干净、清洁，非工作人员严禁入内。

二、锅炉运行前的准备与检查

1. 锅炉受压元件的检查

（1）锅炉受压元件有无鼓包、变形、裂纹、渗漏、腐蚀、过热、胀粗等缺陷，拉撑是否牢固，是否胀口。

（2）是否严密。

（3）受热面管子及锅炉范围内的管道是否畅通。

（4）汽水挡板、汽水分离装置、给水装置、定期排污管、连续排污管是否齐全、牢固。

2. 锅炉炉墙及烟风道的检查

（1）锅炉炉墙、烟道有无破损、裂缝，炉门、看火门、清灰门、防爆门等是否牢固、严密并开关灵活。

（2）炉膛内有无积灰、结焦、检查脚手架是否完好。

（3）炉拱的隔火墙是否完整严密。

（4）烟道、风道及室内是否严密、有无积灰，其调节挡板是否完整、开关灵活，开启度指示是否准确，并有可靠的固定装置。

（5）空气预热器是否完好，省煤器、空气预热器有无积灰。

3. 安全附件、保护装置及仪表的检查

（1）安全阀、压力表、水位表、高低水位报警器及低水位连锁保护装置、蒸汽超压的报警和连锁保护装置、自动给水调节器、各种热工测量仪表等应齐全、灵敏、可靠，且清洁、照明良好。

（2）水泵、风机等传动设备的安全罩完整、牢固，地脚螺栓紧固，联轴器连接完好，转动皮带齐全，紧度适当；转动设备的转向正确，应无摩擦、撞击或咬死等现象。

4. 其他检查

设备及其周围通道上清洁无杂物，地面不积水、积煤、积油；锅炉各部位的照明齐全、亮度足够；操作用工具齐备；在锅炉房内备有足够的合格的消防器材。

5. 锅炉投运前的准备

锅炉检查符合生火条件后，方能进行锅炉生火前准备工作。

三、保养及注意事项

（1）当遇到突然停电时，要及时加煤压火，关闭灰门，打开炉门和清灰门（可减少烟道的抽吸力，使炉火迅速减弱，避免因闷烧而损坏炉体）。

（2）使用一段时间，如果炉火不旺，热风温度明显降低，可能是烟灰堵塞换热层，可打开检修门清理各部位灰尘后再使用，做到定时清理。

（3）温控仪自动运行装置发生故障，不能自动控制时，操作员可将"自动"调到"手动"控制开启和关闭，然后找电工或给厂家打电话修理。

（4）使用前，应检查炉条和耐火水泥是否损坏或脱落，必须及时更换或修补。

（5）停炉后，要把煤灰清理干净，打开全部风门通风干燥，以防锅炉被腐蚀。

第六节 高压冲洗机的安全操作规程

（1）高压冲洗机操作人员在进行清洗作业之前首先应检查高压泵、高压管、高压软管和高压水枪的情况是否完好，确保无泄露之后再进行清洗作业。

（2）启动高压冲洗机之前应先确认以下所述：

①电源线、插头是否完好。

②冲洗机外壳是否完好，各连接部位是否牢固。

③用皮带传送的，要有皮带保护罩。

④油位是否正常，管路出口阀门是否在正常的开关状态下，高压冲洗机预启动后观察压力、电流、振动是否正常。

注：以上有一项不合格，坚决不能开机使用，并及时上报主管领导，进行维修，合格后方可使用。

（3）高压冲洗机开启时缠绕的高压软管附近不能站人，并要拿好高压喷枪、严禁对着人和猪，以防止高压软管瞬间充压翻腾和高压水枪喷出的高压水流，造成安全事故。

（4）高压水枪使用时万不可对着人和猪喷射，高压水枪操作人员应穿戴好绝缘手套、防护服、防护鞋、安全帽等防护装置，高压水枪移动及转向时确保近距离无人，在使用高压水射流冲洗被清洗物体时，冲洗物对面不能有人，因为被清洗物体有可能被击穿。

（5）高压水枪在进行移动前，应将高压冲洗机停止并切断源后再移动，之后再启动高压冲洗机。多人进行清洗作业近距离移动高压水枪时，枪的前端不能对准人和猪，枪柄要保证不扣动扳机或误动。

（6）清洗作业完成后应清除高压水泵里残留的水，如果用过消毒药，要用清水清洗，以防药液腐蚀高压冲洗机缸体，完成上述工作后，将高压清洗停机并拔掉电源，收好高压管和电源线放到存放处，如果是冬季等寒冷气候条件下还要进行防冻处理。

第七节 消毒机操作规程

一、用冲洗机消毒的消毒机

操作规程同高压冲洗机操作规程。

二、用汽油机为动力的消毒机

（1）先配好消毒药。

（2）起动汽油机前，一定要做操作前的预检，以避免发生人员意外和设备损坏。

（3）为防止火灾，不要把易燃物品放在汽油机旁。

（4）了解并掌握如何紧急停机和所有控制部件的操作，决不允许未接受训练的人员操作汽油机。

（5）不要把易燃物，如汽油、火柴等靠近正在运转的汽油机。

（6）要在通风良好的地方加燃油，加油时汽油机要停止运转。

（7）油箱不要加得过满，加油口不能留有燃油。

（8）油箱盖要确保盖好。

（9）如有燃油溢出，须彻底清除等它们挥发掉后才能起动汽油机。

（10）汽油机运转时，消音器很热，当心不要碰到。为避免烫伤或发生火灾，让汽油机冷却后才能搬运或储存进室内。

（11）在进行保养时，为防止汽油机意外起动，要把汽油机开关置于OFF（关）位，并拔下火花塞连线。

（12）为防止爆炸，在操作现场不能抽烟，不能有明火或火花。

（13）消毒枪的使用方法同冲洗机操作方法。

第八节　推粪车使用操作规程

一、推粪车的使用

（1）使用前检查轱辘转动是否灵活，轱辘是否亏气，车厢是否漏水。

（2）根据栋舍及其路面情况、用车人的体力，决定装载量，避免遗撒，造成污染以及对人员身体的伤害。

二、维修与保养

用完后及时冲洗，防止粪里一些酸性物质对车厢造成腐蚀而缩短使用寿命，定时检查车胎是否缺气，及时充气，修补车厢漏水部分，给轴承定时加油。

第九节　风扇使用操作规程

一、风扇与湿帘的使用

1. 用前检查

首先检查风扇防护网是否牢固，附近有无其他杂物，检查电源线是否完好无损，检查漏电开关是否正常，检查电机轴承是否缺油，扇叶是否变形。湿帘一般在夏季使用，检查清水泵是否正常，有无漏电，湿帘是否完好。水池中是否有水，上水管道是否畅通。

2. 使用

通电后听听转动声音，没有异常即可使用。湿帘看看有无漏水现象，有异常响动关掉电源及时维修，以及水是否可以全部覆盖湿帘。正常时，通电即可使用。

二、保养与维修

（1）定时清理护网、百叶窗、湿帘管道的杂物。

（2）更换漏电的电线。

（3）定时给轴承上油，保证运转正常。

（4）冬季要把水池和水帘中的水放掉，以防冻坏，水帘加装防尘罩，防止水帘孔堵死。

第十节　自动料线使用操作规程

一、开机前的准备工作

（1）单头喂料的：先调好量筒，打开有猪的下料开关，关闭没有猪的下料开关。

（2）自由采食的：打开有猪的下料开关，关闭没有猪的下料开关。

（3）打开主料仓的下料开关。

（4）有分机的料线要先打开分机的开关，再打开主机的料线开关。

（5）关闭时：先关闭主机的料线开关，再关闭分机的料线开关。

二、维修及保养

（1）定期给料线的转角处轴承上油。

（2）定期给料线的主机处轴承上油。

（3）出现故障时，要立刻关闭电源。

（4）要通知专业的维修人员进行维修，不得私自拆卸。

第十一节　发电机操作规程

一、开机前准备

（1）检查接线是否牢固正确。

（2）检查燃油箱内的存油是否够。

（3）打开燃油箱至柴油机燃油泵的开关，并用燃油手泵排除燃油系统内的空气。

（4）检查机油油位。

（5）检查水箱是否注满水。

（6）电压调节器应在最小位置，自动空气开关应处断路位置。

二、开机步骤

（1）起动柴油机。

（2）柴油机起动后进行急速运行，并密切注意机油压力表的读数，如果压力表不指示应立即停机检查。

（3）若机组低速运行正常，可将转速逐渐增加到中速，进行柴油机预热运转，当出水温度达到55℃，机油温度达到45℃时，将转速增至额定转速。

（4）若机组工作完全正常，合上开关屏的空气开关，然后逐渐增加负荷。

三、运转中的检查

（1）机组正常工作时电压应在 400 V 左右，电流应不大于额定电流频率应在 50 Hz 左右。

（2）柴油机水温和油温及机油压力应在规定范围值内。

（3）不能让水、油或金属等杂物进入发电机内部。

（4）若机组出现异常现象，需立即断电、停机。

四、停机步骤

（1）逐渐卸去负荷，断开空气自动开关。

（2）在空载状况下，逐渐将转速降至中速，待柴油机水、油温降至 70℃下时再行停机。

（3）清洁整个机组，并做下一次起动运转的准备。

五、保养方法

（1）清除附着机组表面的灰尘、水迹、油迹。

（2）每月检查机械联结件和紧固是否有松动现象，检查各运动件转动是否灵活。

（3）每周检查机油油位。

（4）发电机不用的情况下，每周起动一次，检查是否正常。

（5）一年做一次全面保养。

六、发电机房

（1）机房内一切电器设备必须可靠接地。

（2）机房内禁止堆放杂物和易燃、易爆物品，除值班人员外，未经许可禁止其他人员进入。

（3）房内应设有必要的消防器材，发生火灾事故时应立即停止送电，关闭发电机，并用二氧化碳或四氯化碳灭火器扑救。

第十二节　运输车辆使用操作规范

一、运输车司机安全操作规程

（1）驾驶员必须有驾驶证，行车驾驶时要精力集中，并保证方向、制动、行路等机件可靠，灯光仪表要灵敏正常，各种证件齐全。

（2）严禁驾驶不符合安全要求的车辆。禁止酒后开车。

（3）严格遵守交通规则，认真掌握车速，注意道路情况。

（4）车辆行驶在交叉路口、街道、桥梁、城门、洞口，通过行人稠密地区，穿行铁路（道口），及遇有雨、雪、冰雾等情况，必须减速。

（5）车辆行驶在坡度大、急转弯处，必须注意对面行人和车辆，严格执行鸣笛减速靠右行驶，并随时做好立即停车准备。

（6）认真做到超、会、让礼貌行车。

（7）两车交会须提前减速，选择适当地点，准备停车相让。

（8）超车时须在道路平坦、宽广处，经前车示让后方准超车，严禁强行超车。

（9）行驶中要与前车保持适当的距离，注意前车情况，防止撞车。

（10）在山区道窄路险、交通路口、穿行铁路口、上下坡道时，遇马车、自行车、人拉车、牲畜等情况要酌情让路，做到"宁停三分，不抢一秒"。

（11）货车上严禁携带汽油、酒精、炸药、雷管等易燃易爆物品，防止发生火灾和爆炸事故。

（12）自卸汽车严禁运载易燃易爆物品，驾驶室外脚踏板和车斗内不准载人。在行驶中要注意观察举升机构拉杆是否处于脱离状态，以防造成误起翻斗而发生事故。禁止行驶中起落车斗。

（13）车辆行驶中要采取中速（场内运输车），在急弯、陡坡、危险地段应限速行驶。雾天或烟尘较大影响视线时应开亮前防雾灯靠右减速行驶。前后车距不得小于 30m。

（14）禁止溜车，发动车辆、下坡行驶中严禁空挡滑行。

（15）交接班时，必须对车辆运行情况向下一班司机交待清楚。

（16）道路上行驶时，要认真遵守《中华人民共和国道路交通管理条例》中的一切规定。

二、行车安全操作规程

（1）严禁无证驾驶。不准驾驶与证件规定不符合的车辆。未经单位领导同意不准单独驾驶车辆、载人或试车。

（2）出车要携带驾驶证，严格遵守交通规则，听从警察指挥和检查。

（3）出车前，应认真做好例保工作，重点检查制动器、转向机构、喇叭、指示灯、液压系统、照明及轮胎螺丝紧固等安全可靠情况，严禁带病出车。

（4）驾驶长途车（300 km 以上）应有 2 名驾驶员轮流开车，注意休息。车辆中途故障修理机件时，禁止吸烟。

（5）严禁酒后开车。车辆起步前应看清前后左右有无行人和障碍物，要关好车门。在行驶中必须集中精神，谨慎驾驶，密切注意车辆和行人动态，不准吸烟、饮食、闲谈、打电话和其他妨碍驾驶的动作。驾驶室内不准超额坐人。

（6）车辆转弯时，必须"减速、打转向灯、靠右行"，下坡时不准空挡滑行、熄火滑行。

（7）车辆出入场或车间大门，应鸣号、减速、靠右行，通过十字路口及上下桥坡时应一慢、二看、三通过。交会车时，要做到礼让"三先"（先让、先慢、先停），空车要让重车，转弯车要让直线车，支道车要让干道车，严禁争道和强行超车。

（8）在雨天、下雪或冰冻路上，应酌情减速行驶。雾天要开黄灯，多鸣号低速缓慢行驶。能见度不到 10 m 不准行驶。

（9）车辆在场区内行驶，最高时速不得超过 20 km，进场门、车间、库房及弯道的时速不得超过 5 km。

（10）严禁超重、超长、超宽、超高装运。遇有特殊情况需要时，要经有关部门核准，前后要有专人瞭望看管，采取安全行车的有效措施，并挂上明显标志旗。

（11）装运化工危险物品要牢固严密，不准与其他物品混装；装运各种气瓶时，瓶口要朝一个方向，禁止接触油类。车上按规定挂上"危险品"标志旗，并配备消防器材，夏天要采取遮阳防晒措施。

（12）货车载人，严禁超过额定人数。车辆应待人员上下稳定后，才能关门起步，禁止乘车人员跳车、爬车和车未停定时上下。车辆踏脚板上严禁站人。

（13）车辆倒车或调头时，要注意周围地形情况，在人多路窄的地方，应有专人在车前后协助指挥。

（14）使用起重设备装卸货物时，司机必须离开驾驶室，并不准检查和修理车辆。

（15）停车要选择适当地点，不准乱停。司机离开车时要拉好手刹和挂好排挡，将总开关切断，取下钥匙，关门上锁。在坡度停车时间长，应用木垫塞好车。

（16）进入油库时，必须套好防火帽。

第五章
Chapter 5

统计方面操作技术规范

第一节　生产数据记录操作

生产数据是猪场生产经营概况的数据表现，是经营者了解和指导生产的重要依据，因此，生产数据的记录要求必须及时、详细、准确。

一、数据记录原则

（1）及时性。
（2）准确性。

二、数据记录的时间

（1）车间内发生的数据随时记录。
（2）数据记录人员：各车间负责人。

三、数据采集上报流程

饲养员将发生的数据上报给车间主任，车间主任把数据汇总，填写车间生产表格后，把车间报表上报给场内统计员，场内统计员将生产数据录入生产管理平台，经场内生产主管和场长审核后，保存到平台；生产部生产统计每天导出平台数据进行分类汇总制表后上报给上级领导。

四、生产数据采集时间

（1）统计员要每天下午5：30下班后统计和收集各车间数据表，并在次日8：30之前录入平台系统。
（2）数据采集结点时间可定为每日上午7：00或下午5：00后。
（3）采集单元为生产单元舍。
（4）单元舍工作人员在每日结点时间前将单元舍数据上报给车间主管。
（5）统计人员在结点时间汇总车间主管的生产数据，经生产主管（生产场长）审核后上报给平台录入人员。

五、数据记录

具体数据记录如下，以表格形式体现。

1. 后备母猪与种母猪的记录（表5-1至表5-13）

表5-1　母猪配种登记表

序	栏位	时间	母猪号	发情情况	与配公猪号	配种方式	后裔品种	配种员	备注
1									
2									

表5-2　妊娠检查与失配原因登记表

序	时间	母猪号	检测结果	检查员	发情不配原因	备注
1						
2						

表5-3　分娩登记表

序	时间	母猪编号	状态	合格	弱仔	畸形	死胎	木乃伊	分娩压死	饲养活仔	总仔	窝重	窝号	仔猪批次	其中			
															母猪	大死胎	大木乃伊	遗传畸形
1																		
2																		

表5-4　后裔个体登记

序	仔猪耳号	性别	左乳头数	右乳头数	初生重
1					
2					

表5-5　寄养登记表（寄出）

序	时间	母猪号	仔猪头数	仔猪重量	寄养原因	备注
1						
2						

表5-6　寄养登记表（寄入）

序	时间	母猪号	仔猪头数	仔猪重量	寄养原因	备注
1						
2						

表5-7　母猪断奶登记表

序	栏位	日期	母猪号	断奶仔猪头数	断奶仔猪窝重	备注
1						
2						

表 5-8 母猪转出登记表

序	栏位	日期	母猪号	重量	等级	备注
1						
2						

表 5-9 母猪转入登记表

序	栏位	日期	母猪号	重量	等级	备注
1						
2						

表 5-10 母猪销售登记表

序	栏位	日期	母猪号	重量	金额	客户	原因	备注
1								
2								

表 5-11 母猪购买登记表

序	栏位	日期	母猪号	重量	金额	供应商	原因	备注
1								
2								

表 5-12 母猪死亡与无价淘汰登记表

序	栏位	日期	母猪号	重量	死淘原因	兽医	备注	备注
1								
2								

表 5-13 母猪疾病预防登记表

序	栏位	母猪号	免疫计划日期	免疫日期	药物名称	药物批号	用药方式	单位	剂量
1									
2									

2. 后备公猪与种公猪的数据记录（表 5-14 至表 5-22）

表 5-14 公猪采精登记表

序	栏位	公猪号	日期	体积 /mL	密度 / 亿精子	活力 /%	畸形率 /%	pH	性欲	颜色	气味	采精员
1												
2												

表 5-15　精液配置登记表

序	封装批号	日期	公猪号	公猪号2	公猪号3	公猪号4	混后密度	混后活力	封装瓶数	每瓶体积	封装人
1											
2											

表 5-16　公猪首次配种登记表

序	日期	公猪号	首配体重	鉴定员	备注
1					
2					

表 5-17　公猪转出登记表

序	栏位	日期	公猪号	重量	等级	备注
1						
2						

表 5-18　公猪转入登记表

序	栏位	日期	公猪号	重量	等级	备注
1						
2						

表 5-19　公猪销售登记表

序	栏位	日期	公猪号	重量	金额	客户	原因	备注
1								
2								

表 5-20　公猪购买登记表

序	栏位	日期	公猪号	重量	金额	供应商	原因	备注
1								
2								

表 5-21　公猪死亡与无价淘汰登记表

序	栏位	日期	公猪号	重量	死淘原因	兽医	备注
1							
2							

表5-22 公猪疾病预防登记表

序	栏位	母猪号	免疫计划日期	免疫日期	药物名称	药物批号	用药方式	单位	剂量
1									
2									

3. 哺乳—育肥期的数据记录（表5-23至表5-30）

表5-23 肉猪盘点登记表

序	批次号	日期	类别	盘点头数	盘点重量
1					
2					

表5-24 哺乳—育肥期猪只转出登记表

序	日期	批次号	品级	猪只类别	品种品系	性别	头数	重量	备注
1									
2									

说明：种猪留后备时转出必须填写个体编号（表5-25）

表5-25 个体登记表

序	日期	个体号	重量	备注
1				
2				

表5-26 哺乳—育肥期猪只转入登记表

序	日期	批次号	来源	猪只类别	品种品系	性别	头数	重量	备注
1									
2									

说明：个别猪只附个体登记表（表5-25）

表5-27 哺乳—育肥期猪只销售登记表

序	日期	批次号	来源	品级	猪只类别	品种品系	性别	头数	重量	金额	备注
1											
2											

说明：个别猪只附个体登记表（表5-25）

表5-28 哺乳—育肥期猪只购买登记表

序	日期	批次号	来源	品级	猪只类别	品种品系	性别	头数	重量	金额	备注
1											
2											

说明：个别猪只附个体登记表（表5-25）

表5-29 哺乳—育肥期猪只死亡与无价淘汰登记表

序	日期	批次号	猪只类别	品种品系	性别	死淘原因	头数	重量	备注
1									
2									

说明：个别猪只附个体登记表（表5-25）

表5-30 哺乳—育肥期猪只疾病预防登记表

序	日期	批次号	猪只类别	品种品系	性别	头数	免疫计划日期	免疫日期	药物名称	药物批号	用药方式	单位	剂量
1													
2													

说明：个别猪只附个体登记表（表5-25）

4. 育种测定数据管理（表5-31至表5-33）

表5-31 生长测定登记表

序	日期	猪号	体重	用料	背膘厚			眼肌面积	眼肌厚	肌间脂肪	测定仪	测定员	备注
					1	2	3						
1													
2													

表5-32 体型外貌评定登记表

序	日期	猪号	体重	体长	胸围	管围	体高	胸深	胸宽	臀宽	外阴/睾丸评分	腹线评分	左有效乳头数	右有效乳头数	乳头形状	乳头排列	肢蹄形状	肢蹄强度	肢蹄蹄型	前躯评分	后躯评分	品种特征	头型评分	背腰评分	步态评分	健康评分	综合评分	测定员	备注
1																													
2																													

表 5-33　种猪分群与留种登记表

序	种猪号	日期	性别	体长评分	收腹评分	肌肉评分	头型评分	肢蹄评分	整体评分	选留等级	评估员
1											
2											

第二节　生产数据录入操作

　　场内生产数据收集完整后要及时录入网络平台管理系统，以便中心统计分析生产数据。数据录入要按照种猪场的生产流程操作，从种猪段到育肥段，把本群发生的事件录入完毕后再录入下一群，以免数据漏输。具体操作如下。

一、软件登陆

　　找到 KFNetsking.exe 文件，点击输入登录名和密码，进入系统。注意：登录名每个场子都是唯一的，密码可以根据需要改动，如果忘记登录名和密码，可找中心系统管理员查询。登录页面如下：

二、数据录入

　　数据录入均在养猪生产管理中心下进行，录入数据涉及的模块有公猪事件管理、母猪管理、哺乳 – 育肥管理、育种测定、其他事件、领料与产品缴库等。以下为数据录入页面：

三、单据的录入和修改的简单介绍

1. 录入新的单据

进入单据界面后按 Ctrl+N 添加新单据，填写单据的日期、场、舍等信息，按 Ctrl+A 填加一条明细记录，录入完一条明细记录后再按 Ctrl+A 录入下一条明细记录，单据数据录入完毕点数据保存键 ▣ 保存数据，如果数据信息不完整或因网络连接失败造成无法正常保存，请根据提示修改完错误后再保存。

2. 修改原来的单据

进入单据界面后点寻找单据按钮 ♊，查询需要的单据双击鼠标左键后进入单据，再点单据修改按钮 ▤，如果你有修改该单据的权力，你现在就可以修改了，修改完后，点保存键 ▣ 保存数据，如果数据信息不完整或因网络连接失败造成无法正常保存，请根据提示修改完错误后再保存。

四、每个猪群管理的录入的详细介绍

1. 公猪管理

公猪管理包括公猪采精、公猪精液配置、公猪首次配种、公猪转入转出、公猪购买销售、死淘及公猪的疫病预防。

（1）公猪采精：点击编辑新增，录入发生场、舍、时间，输入个体号码和精液信息，精液信息包括公猪的精液体积、密度、活力、畸形率、顶体畸形率、颜色、气味、性欲状况、采精员，记账、保存、审核。

（2）公猪精液配置：打开公猪采精精液配置，录入分装批号和每头公猪的个体号、混后密度、混后活力、封装瓶数、每瓶的体积、封装人等信息后，记账、保存、审核。

（3）公猪首次配种：点击编辑新增，录入发生场、舍、时间，录入公猪栏号、个体号，首次使用量、鉴定员等信息，然后记账、保存、审核。

（4）公猪转入：点击编辑新增，录入发生场、舍、时间等基本信息，如果是本场内转入，当点击新增时会自动弹出本场育肥猪转出的信息，在这些信息中找出本次要转入的信息，直接转入，然后记账、保存、审核。如果是场间转入，则要从转入单据中填写场间转入。

（5）公猪转出：点击编辑新增，录入个体号，去向的场、舍，转出公猪的重量、等级（等级一定要填写合格）、饲养员、保存、审核。

（6）公猪疾病治疗：点击编辑新增，录入基本信息，用药名称、生产商、药物序列号、单位、剂量、用药人、原因信息，记账、保存、审核。

（7）公猪购买：查找公猪录入基本信息后，输入供应商、采购类别，然后输入公猪重量、金额、分类、等级信息，最后录入采购人员，保存、审核。

（8）公猪销售：点击编辑新增，录入基本信息、客户、销售类别、公猪重量、金额、分类、等级（如果是淘汰，等级为不合格）、销售原因信息、业务员，保存、审核。

（9）公猪死淘：查找公猪，录入基本信息、公猪重量、死淘原因、兽医，记账、保存、审核。

（10）公猪疫病预防：点击编辑新增，录入基本信息、免疫计划、计划免疫日期、药品名称、生产商、药物序列号、用药方式、单位、剂量、兽医，记账、保存、审核。

2. 母猪管理

母猪管理包括母猪配种、发情妊检、分娩、哺乳仔猪寄入寄出、母猪部分断奶、断奶、转入、转出、死亡淘汰、购买销售、疫病预防、疾病治疗。

（1）母猪配种：点击编辑新增，录入发生场、舍、时间，输入母猪个号，配种日期、发情情况、时间、与配公猪、配种方式、配种员信息后记账、保存、审核。

（2）母猪发情妊检：点击编辑新增，录入发生场、舍、时间，输入妊检母猪个体号、妊检日期、原因说明、妊检，记账、保存、审核。

（3）母猪分娩：点击编辑新增，录入发生场、舍、时间，录入个体号，输入分娩日期、母猪状态、助产情况、合格猪数、弱仔、畸形、死胎、木乃伊、压死、饲养活仔、总仔、窝重、其中大死胎、其中母猪、遗传畸形、其中大木乃伊、接产员、批次，记账、保存、审核。

（4）登记后裔：查找录入母猪分娩单据，点击右键登记后裔，录入耳缺号码、性别、初生重、左右乳头数等信息。

（5）哺乳仔猪寄养：点击编辑新增，录入发生场、舍、时间，录入个体号，查输入寄入、寄出日期、仔猪头数、仔猪重量、寄养原因、产房护理员，保存、审核。

（6）母猪部分断奶：点击编辑新增，录入发生场、舍、时间，录入个体号，输入断奶日期、断奶头数、窝重、产房护理员，记账、保存、审核。断奶多头时，分别增加母猪号码。

（7）母猪断奶：点击编辑新增，录入发生场、舍、时间，录入个体号录入方法与母猪部分断奶相同。一般常用母猪部分断奶。

（8）母猪转入：点击编辑新增，录入发生场、舍、时间，录入个体号，录入转入日期，录入母猪的来源场、舍，重量、等级。记账、保存、审核。与公猪转入方法相同。

（9）母猪转出：点击编辑新增，录入发生场、舍、时间，录入个体号，录入转出日期，录入母猪的去向场舍、重量、等级、记账、保存、审核。

（10）母猪死淘：点击编辑新增，录入发生场、舍、时间，录入个体号，输入重量、死淘原因（不合格）、兽医鉴定员，然后记账、保存、审核。

（11）母猪购买：点击编辑新增，录入发生场、舍、时间，输入供应商、采购类别、重量、金额、分类、等级等信息、然后记账、保存、审核。如果是中心内部购买，直接调入单据。

（12）母猪销售：点击编辑新增，录入发生场、舍、时间，录入个体号，填写客户名称、销售类别、重量、金额、分类、等级、销售原因、业务员等信息，最后保存、审核。

（13）母猪疫病防疫：点击编辑新增，录入发生场、舍、时间，录入个体号，输入免疫计划、计划免疫日期、药品名称、生产商、药物序列号、用药方式、单位、剂量、兽医等信息。然后记账、保存、审核。

（14）母猪疾病治疗：点击编辑新增，录入发生场、舍、时间，录入个体号，填写药物名称、生产商、药物序列号、单位、记录、兽医鉴定员、原因等信息，记账、保存、审核。

3. 哺乳—育肥管理

哺乳—育肥管理包括：哺乳—育肥转入、转出、购买、销售、疫病预防、疾病治疗和死亡淘汰。

（1）哺乳—育肥转入：包括场内转入和场间转入。场内转入包括保育猪转入、育肥猪转入、后备猪转入，这些都是在转出之后才可转入。点击编辑新增，录入发生场、舍、时间，在新增凭证当中填写场、舍、和日期，点击确定，出现符合条件的单据，从单据当中找出需要转入的猪只，特别注意的是要把猪只类别填写完整，否则会找不到转入的猪只。最后记账、保存、审核。

（2）哺乳—育肥转出：点击编辑中的新增，输入发生场舍和去向场舍，批次、猪只类别、品种品系、性别、头数、重量、饲养员，记账、保存、审核。

（3）哺乳—育肥购买：一般情况下购买的是种猪，输入发生场、舍、供货商、采购类别后，输入批次号码，如果是从中心内部场购买则要从引入单据中查找符合条件的单据购买。从中心以外的场购入则需要录入购买猪的状态、品质品系、性别、头数、重量、金额，还要通过新增个体添加个体号码。

（4）哺乳—育肥销售：新增，输入发生场、舍、日期、客户、销售类别信息后，再输入批次号码、分类、商品等级（如果是正常售种或售肥则填写合格；如果是淘汰则写不合格）猪只类别、品种品系、性别、头数、重量、金额、原因、业务员，保存、审核；如果是本中心内部调种还要在销售单据中添加个体号码。

（5）哺乳—育肥疫病预防：新增，录入基本信息（场、舍、日期）后，输入批次、猪只类别、品种品系、性别、头数、免疫计划、计划日期、药品名称、生产商、药物序列号、用药方式、单位、剂量、兽医等信息。然后输入兽医人员，保存、审核。

（6）哺乳—育肥疾病治疗：与母猪和公猪的疾病治疗的录入方法相同。

（7）哺乳—育肥死淘：与母猪事件中的死亡淘汰录入方法相同。

4. 育种测定

育种测定包括 21 日龄窝重测定、断奶个体重测定、入测定站、生长性能测定、体型外貌测定、屠宰测定、质量性状测定、基因型测定、其他类测定性状、种猪分级选淘、公猪配种计划、首次发情。其中常用的模块有 21 日龄窝重测定、断奶个体重测定、生长性能测定、体型外貌测定、种猪分级选淘、公猪配种计划、首次发情。

（1）21 日龄窝重测定：点击新增录入基本信息，录入母猪耳号、哺乳头数、21 日龄断奶重量、测定员、记账、保存、审核。

（2）断奶个体重测定：点击新增录入基本信息，录入母猪耳号、断奶个体重、测定员、记账、保存、审核。

（3）生长性能测定：主要指 30 kg 和 100 kg 的两次生长性能测定。点击新增录入基本信息，输入测定个体的体重、背膘厚度、眼肌厚度、测定员、测定仪、记账员、保存、审核。如果是多头个体，直接点击 Ctrl+A 添加即可。

（4）体型外貌测定：查询测定个体号码，输入基本信息、体重、体长、胸围、胸宽、肩宽等体型外貌性状。记账、保存、审核。如果是多头个体，直接点击 Ctrl+A 添加即可。

（5）种猪分级选留：查询测定个体号码，输入基本信息、体长评分、收腹评分、肌肉评分、头型评分、肢蹄评分、整体评分、选留等级、评估员、记账、保存、审核。

（6）公猪配种计划：查询公猪，录入基本信息，录入计划配种窝数、优先使用顺序、育种员、记账、保存、审核。

（7）首次发情：新增录入个体号码，首次发情的体重，记录测定员，记账、保存、审核。

5. 其他事件管理

其他事件包括饲喂、发育监测、环境监测、抗体监测、疾病送检、免疫计划、肉猪盘点。

（1）猪场饲喂：查询批次号码、录入基本信息、猪只类别、性别、饲料类型、饲料批号、饲料用量、饲养员等信息。

（2）发育监测：查询批次号码、录入基本信息、猪只类别、品种品系、平均日龄、测定头数、总重、均重、标准差、变异系数、饲养员等信息，保存、审核。

（3）环境监测：输入所监测的舍最低温度、最高温度、最低湿度、最大湿度、监测人等信息，保存、审核。

（4）抗体检测：包括送检场、舍、日期以及监测值。

（5）疾病送检：只录入送检场。

（6）免疫计划：主要针对新制定的免疫计划，录入免疫计划的名称、适用性别、类型、免疫方式、日龄、疫苗名称、单位、剂量、费用等信息。

（7）肉猪盘点：主要应用于月末，核实实际存栏头数与平台存栏头数有无差异。

6. 领料与产品缴库

主要包括生产领料、生产退料、生产产品缴库。

（1）生产领料：主要是指场内生产所领取的各种物资，录入时包括产品名称、生产厂家、规格型号、单位、单价、成本结算等信息。

（2）生产退料：指生产物资从车间退回库房，录入方法与生产领料相同。

（3）生产产品缴库：指生产出的产品要入库。

7. 数据审核

一般情况下在数据录入的过程中就对数据进行审核，如果忘记审核，这个数据审核模块可以对数据进行集中审核。

8. 养殖场结算

在月底结账时使用，在进行养殖场结算后，场内的数据被锁死无法修改。

9. 种猪档案登记

对外购种猪或历史数据中缺少档案的猪只进行个体信息和血统信息登记。

第三节 生产数据归档操作

生产数据归档保存包括生产车间基础资料保存、场内统计员基础资料保存、生产部统计资料保存。

一、归档人员

各段车间主任、场内统计员、生产部统计员。

二、归档人员职责

（1）各段车间主任：车间主任归档本段的临时数据。

（2）场内统计员：归档场内的临时数据和年度数据及场内需要保存的其他材料。

（3）生产部统计员：归档各场上报的材料、报表，上级下发的各种通知文件，生产部内部需要保存的其他材料。

三、归档操作

（1）数据的归档时限要求

车间内的公猪精液检查记录、配种记录、妊检记录、保管期为5年；调圈记录、上床记录、分娩记录、断奶记录、转群记录、耗料记录、死亡记录保管期限为半年，免疫记录、消毒记录、疾病用药治疗记录保管期限为5年；中心的各种文件、报表需要长期保存。

（2）归档数据文件要求

归档文件要求整洁、完整。材料不得有损坏，数据内容不得丢失。整年的数据要用封皮封存，放入文件柜保存。

（3）平台数据归档

各级统计员都要对自己所负责的数据进行归档保存。统计员每周、每月都要对平台数据进行导出保存。保存方法：使用移动的保存设备，在保存设备上建立固定的文件夹，不同的数据导入不同的文件夹内，以便查找。导出的数据要确保在不同的移动设备上有备份。

养猪专有名词

（1）工厂化养猪：具有较大规模，利用先进的技术设备，按照一定的工艺流程，进行均衡生产，实行工厂化管理的养猪方式。

（2）系谱：记载种畜血统来源、编号、出生日期、生长发育表现、生产性能、种用价值和鉴定成绩等方面资料的文件。

（3）后裔测定：根据后裔各方面表现的情况来评定种畜好坏的一种鉴定方法。

（4）近交：有血缘关系（一般指4代内）的两个体间交配。

（5）近交系数：指形成个体的两个配子间因近交造成的相关系数。

（6）体型线性鉴定：根据动物体型性状的生物学特点，对动物各部位体型进行线性评定的一种外貌鉴定方法。

注：这种方法可以克服传统评定方法由于缺乏共同一致的比较标准而产生的偏差。

（7）选配：指选择最适的公、母畜进行交配，产生符合要求的后代。

注：是育种工作的中心环节之一，通常的方法有①同质选配，指选择在体质、类型、生物学特性、生产性能以及产品质量等方面相对相似的优秀公、母畜进行交配；②异质选配，指选择具有相对不同特点的公母畜进行交配；③亲缘选配，指根据家畜间的亲缘关系进行选配。

（8）遗传漂变：指由于某种机会，某一等位基因频率的群体（尤其是在小群体）中出现世代传递的波动现象，也称随机遗传漂变。此波动变化导致某些等位基因的消失，另一些等位基因的固定，从而改变了群体的遗传结构。

（9）纯合：指纯合基因型，其等位基因呈同质状态，如 AA、aa，可真实遗传。

（10）♂：指在生产、育种工作中，代表雄性个体。

（11）♀：指在生产、育种工作中，代表雌性个体。

（12）育种值：支配一个数量性状的全部基因的加性效应值。个体某性状的育种值可通过亲属资料和遗传参数来估测。

表型值：在生物个体身上实际表现的性状值。

注：表型值是基因型和环境共同作用的结果。一个个体某性状的表型值等于其基因型值与环境偏差之和。

（13）性状：生物有机体各方面特征（形态、内部解剖等有关表现）和特性（生理、生化机能等方面的表现）的统称。是鉴定比较品种（或类型）间好坏的标准。一切性状的产生和形成都受遗传规律支配，也受外界环境条件的影响，任何性状的表现都是遗传和环境共同作用的结果。

（14）表现型：指某种基因型在一定的环境条件作用下，通过个体发育过程而表现出来的性状。是可以观察或测量到的，具有一定形态、结构和功能的性状。

（15）初情期：指母猪初次发情和排卵的时期，是性成熟的初级阶段，是具有生殖机能的开始。这时期生殖器官仍在继续发育。猪的初情期为 5 ～ 6 月龄。

（16）性成熟：幼龄家畜发育到一定时期，都开始表现性行为，具有第二性征，特别是以能产生成熟的生殖细胞为特征。公猪产生精子，母猪产生卵子，一旦这一时期交配，就有使雌性受胎的可能，这一时期常称为性成熟期。母猪的性成熟期为 6 ～ 7 月龄，公猪的性成熟期为 8 ～ 9 月龄。

（17）初配月龄：一般来说，初配年龄应在性成熟的后期或更迟一些。母猪初配时间一般在 7 ～ 8 月龄，且体重、日龄、背膘厚达到相应标准（体重 120 kg 以上；日龄 210 d 以上；背膘厚 16 mm 以上）。

注：体重为称重。

（18）发情：指达到性成熟的母猪，卵巢上卵泡生长、发育、成熟及与此相关的周期性的生理表现。正常发情母猪的生理特征为有求配欲，愿接受公猪交配或其他母猪爬跨，兴奋不安、敏感、食欲减退。此外，还表现为阴道红肿，有黏液流出，子宫颈口开张，卵泡发育成熟并排卵。安静发情又称安静排卵，即母猪无发情症状，但卵泡能发育成熟而排卵。年青或体弱的母猪易发生安静发情。

（19）发情周期：母猪自初情期生殖器官及整个有机体便发生一系列周期性变化，周而复始（除怀孕期外）一直到性机能活动停止的年龄为止。通常以一次发情的开始到下次发情开始的时间间隔来计算。母猪的发情周期一般为 21 d，范围为 18 ～ 24 d。

（20）断奶后发情：指母猪断奶后的第一次发情。母猪断奶后 3 ～ 5 d 开始第一次发情。

（21）诱情：诱导发情，用公畜外激素或同类产品或方法刺激母畜发情。

（22）应激：生物体对内外环境变化的反应，通常的表现为呼吸急促、皮肤发白 / 发红、抽搐、甚至死亡。

（23）发情鉴定：指根据母猪在发情期间行为表现和生殖器官的变化，把发情母猪及时找出，以便适时配种的一项技术。发情鉴定以外部观察、公猪试情、阴道检查等方法为主。

（24）同期发情：对母猪发情周期进行同期化处理的方法。即利用激素制剂人为控制并调整一群母猪发情周期的进程，使之在预定的时间内集中发情，以便有计划地合理组织配种。

（25）超数排卵：在母猪发情周期的间情期，通过注射外源促性腺激素，使其卵巢有超出常规数量的卵泡发育并排卵，称为超数排卵，简称超排。

（26）精液活力：在公猪精液中，具有直线前进运动精子的百分比。

（27）精子畸形率：公猪精液中，异常精子的百分率。

（28）人工授精：用器械采取公猪精液，经处理后，再用器械把精液适时注入母猪的生殖道内，使其受胎的一种繁殖技术。

（29）妊娠（又叫怀孕）：指胎儿在母猪体内的发育过程。

（30）妊娠期：是指从精卵结合到发育成熟的胎儿娩出的这段时期。母猪的妊娠期为 112～116 d。

（31）预产期推算方法：配种月份加 4，配种日期减 8。

（32）妊娠前期：母猪妊娠 1～12 周的阶段，此阶段胎儿处于发育期，增重不多，对摄入营养的质量要求较高，而摄入量不要求太多。

（33）妊娠后期：母猪妊娠 13 周到分娩这一阶段，此阶段胎儿增重较多，对营养摄入量要求较高。

（34）妊娠诊断：根据母猪妊娠后发生的一系列生理变化特征，采取相应的检查方法（如外部检查、公猪试情、B 超检查等）来判断母猪是否妊娠的一项技术。

（35）配种受胎率：同一批次配种受胎的母猪数占当期参配母猪数的百分比。

（36）配种分娩率：同一批次配种分娩的母猪数占当期参配母猪数的百分比。

（37）围产期：指母猪产前 1 周（围产前期）至产后 1 周（围产后期）这段时间。围产期是母猪生产的关键时期，其饲养管理的好坏将直接影响母猪的健康和整个泌乳期的产奶量。

（38）初乳：分娩后 3～5 d 的乳汁，含有丰富的白蛋白和球蛋白，可被初生幼畜直接吸收入血。它们一方面可补充血液中的白蛋白，同时可使初生幼畜获得被动免疫，提高幼畜抵抗力，另外，初乳中含有较多的无机盐，特别是镁盐，可促进胎粪的排出。初乳中还含有维生素 A、维生素 C、维生素 D。

（39）出生重：仔猪初生时的重量。

（40）饲养密度：单位面积饲养的头数。

（41）去势：将公猪睾丸和附睾从阴囊中摘除掉，使之失去生殖能力。

（42）育成猪：是指保育仔猪下床后转入中大猪阶段饲养的前期阶段的猪被称作育成猪，通常体重范围为 25～60 kg。

（43）育仔猪：是指仔猪断奶后（35 日龄或 28 日龄）至 70 日龄左右转入育肥车间前的仔猪。

（44）育肥猪：是指中大猪阶段饲养的后期猪只，一般体重范围为 50～110 kg，70 日龄左右转入育肥车间到出栏这一阶段的中大猪。

（45）产仔间隔：母猪相邻两胎产仔日期间隔的天数。

（46）总仔数：出生时同窝的仔猪总数，包括死胎、木乃伊和畸形猪在内。

（47）活仔数：出生 24 h 内同窝存活的仔猪数，包括衰弱即将死亡的仔猪在内。

（48）死胎：母猪产出的已经成形，但心脏已停止跳动的白色胎儿。

（49）木乃伊：母猪产出的已干尸化的黑色胎儿。

（50）畸形：胎儿出生时带有肛门闭锁、多趾、裂腭等遗传疾患。

（51）假死：胎儿出生时呼吸停止而心脏还在跳动的状态。

（52）流产：指未满妊娠期的任何阶段，即胎儿未完成其发育阶段前产出的现象。

注：妊娠 110 d 后流产视同分娩。

（53）早产：指妊检确妊母猪，其胎儿在 105～110 d 排出母体的现象。

（54）仔猪：指从 1 日龄至断奶（2～28 日龄）前的猪只。一般分为健仔猪和弱仔猪，健仔猪指出生体重在 0.9 kg 以上的猪只，弱仔猪指出生体重在 0.9 kg 以下的猪只。注：此概念为财务核算意义上的定义。

（55）幼猪：指从仔猪断奶（24～29 日龄）后至下床前（63～70 日龄）的猪只。注：此概念为财务核算意义上的定义。

（56）肥猪：指从幼猪下床后至出栏的猪只。一般分为种用猪和肉猪，种用猪指经过 2 次以上体征选择、体重 50.0 kg 以上的符合品种特征的猪只，肉猪指去势公猪和不符合种用条件的猪只。注：此概念为财务核算意义上的定义。

（57）饲料报酬：单位重量的饲料所获得的增重量。通常用饲料转化率表示。

（58）全群料重比：在一定时期内全场总耗料与同一时期内仔猪群、幼猪群和育肥群总增重之比。

（59）全价配合饲料：指能满足饲养动物的营养需要的配合饲料，它是把多种饲料原料和添加剂、预混料按一定的加工工艺配制而成的均匀一致、营养价值完全的饲料。

（60）日粮结构：指猪只日粮中，能量饲料、蛋白饲料、粗饲料、维生素、矿物质等各种饲料的构成情况。

（61）干物质（DM）：指饲料中除水分之外的物质，包括粗蛋白、粗脂肪、粗纤维、无氮浸出物、矿物质和维生素。

（62）粗蛋白（CP）：饲料中含氮物质的总称。包括真蛋白质和非蛋白质含氮化合物（游离氨基酸、硝酸盐、氨等）两部分。粗蛋白含量等于饲料的含氮量乘以 6.25。

（63）降解蛋白质（RDP）：饲料蛋白进入胃肠道后，部分蛋白在微生物作用下，降解为氨和氨基酸，这部分蛋白称为降解蛋白质。

（64）非降解蛋白（UDP）：饲料蛋白进入胃肠道后被直接吸收的称为非降解蛋白质。

（65）粗脂肪：饲料中的粗脂肪可分为真脂肪与类脂肪两大类。真脂肪由脂肪酸和甘油结合而成，类脂肪由脂肪酸、甘油、含氮基团等结合而成。用乙醚浸泡饲料，测定脂肪含量所得的醚浸出物中除真脂肪外，尚有叶绿素、胡萝卜素、有机酸及其他化合物，因此总称为粗脂肪。

（66）粗纤维（CF）：粗纤维由纤维素、半纤维素、木质素、角质等组成，是植物细胞壁的主要成分，也是饲料中最难消化的营养物质。

（67）中性洗涤纤维（NDF）：饲料中中性洗涤纤维即细胞壁成分，指饲料中不溶于中性洗涤剂的那部分物质，包括纤维素、半纤维素、木质素、角质蛋白、木质化含氮物质、果胶等。

（68）酸性洗涤纤维（ADF）：对于细胞壁成分用酸性洗涤剂进行处理，半纤维素等可全部溶解，而其他不溶于酸性溶液的部分，称为酸性洗涤纤维，包括纤维素、木质素等。

（69）净能（NEL）：指猪只维持需要与生产需要的能量。

（70）总可消化养分（TDN）：指可被吸收利用的养分之和，包括可消化粗蛋白、可消化粗纤维、可消化无氮浸出物和可消化粗脂肪。

TDN= 可消化粗蛋白 + 可消化粗纤维 + 可消化无氮浸出物 + 可消化粗脂肪 ×2.25

注：公式中可消化粗脂肪乘以 2.25，这是根据 Atwater 的实验数据而规定的，可消

化脂肪的燃烧热约为可消化碳水化合物的 2.25 倍。

（71）体况评分：是评价母猪饲养效果的一种手段。它是以（1～5分）数字化描述母猪体况的一种评分方法（1分表示偏瘦，5分表示过肥）。结合使用 B 超仪测定母猪背膘更能准确地评估母猪体况，根据体况应及时合理调整饲养方案。

（72）防疫：指为了不使动物疫病或人畜共患的传染病传染进一个健康而尚未受感染的畜群或人群，所采取的各种有效措施。通常包括隔离、消毒、免疫、预防性治疗以及环境保护等。

（73）检疫：对动植物（包括生物制品）是否携带特定病原微生物（疫病因子），是否患有疫病，是否携带病原微生物（疫病因子）进行检查。

（74）免疫：使机体对特定病原微生物感染有抵抗能力，而不感染或不易感染某种疫病或传染病。

（75）消毒：利用物理或化学方法杀灭或清除病原微生物，使之减少到不能再引起发病的一种手段。

（76）化制：对不适合于常规使用的畜产品进行无害化处理和再利用的一项兽医公共卫生措施。

（77）普通病：由于动物机体的组织、器官在构造或生理上起了变化、营养失调、中毒、损伤或其他外界因素如温度、气压、光线等原因所致的疾病。

（78）传染病：指由病原微生物或寄生虫感染动物所致的，具有传染性和流行性的疾病。

注：影响养猪生产猪的重要传染病有蓝耳病、口蹄疫、猪瘟、伪狂犬病、猪流感、喘气病、副猪嗜血杆菌病、链球菌病、大肠杆菌病、猪丹毒、沙门氏菌病等。

（79）一类疫病：指对人畜危害严重，需要采取紧急严厉的强制预防、控制、扑灭措施的疫病。

注：国家相关部门公布的与猪有关的一类疫病有口蹄疫、猪瘟。

（80）隔离：将感染猪只、疑似感染或携带病原微生物的猪只与健康猪群分隔，单独饲喂处理。

（81）乳房炎：一种以乳腺组织发生各种不同类型炎症为特征的疾病。

（82）代谢病：包括新陈代谢疾病和营养代谢疾病。由于日粮结构失调或饲养管理不当，引起营养失调，导致代谢机能障碍所致的疾病。常见的代谢病如产乳热、酸中毒等。

（83）繁殖疾病：主要指由于生殖器官疾患而使猪只不育、不孕或妊娠中断等的一类疾病。